绿色生态农业新技术丛书

浙江省农业科学院
老科技工作者协会组编

桃

TAO YOUZHI GAOXIAO
ZAIPEI JISHU

优质高效栽培技术

胡征令　施泽彬　编著

U0239181

中国农业出版社
北京

图书在版编目（CIP）数据

桃优质高效栽培技术／浙江省农业科学院老科技工作者协会组编；胡征令，施泽彬编著．—北京：中国农业出版社，2019.9（2020.11 重印）

（绿色生态农业新技术丛书）

ISBN 978-7-109-25517-3

I.①桃…　II.①浙…②胡…③施…　III.①桃—果树园艺　IV.①S662.1

中国版本图书馆 CIP 数据核字（2019）第 095593 号

中国农业出版社出版

地址：北京市朝阳区麦子店街 18 号楼
邮编：100125
责任编辑：黄　宇
版式设计：王　晨　责任校对：吴丽婷
印刷：中农印务有限公司
版次：2019 年 9 月第 1 版
印次：2020 年 11 月北京第 2 次印刷
发行：新华书店北京发行所
开本：850mm×1168mm　1/32
印张：3
字数：80 千字
定价：18.00 元

前　言

　　桃树作为生长快、结果早、易管理、见效快、经济价值高的树种，在发展精品农业、效益农业、特色农业中具有较大的优势，栽培面积不断扩大，经济效益增长迅速。据 2017 年统计，我国桃栽培面积达 83.67 万公顷，产量 1 147 万吨，占世界桃栽培总面积的 51%，总产量的 58%，稳居世界首位。

　　桃起源于中国，栽培历史悠久。桃树树姿优美、花色艳丽，极具观赏价值，因其果肉肉质细、汁多、味甜、香气浓郁而成为果中佳品，常被赋予喜庆、仁义、美好的寓意，如被称为"仙桃""寿桃"。桃还是治病的良药，其根、叶、皮、果均可入药。近年来，桃品种不断革新，新品种层出不穷，甜油桃的兴起，蟠桃的走俏，鲜食甜黄桃的迅猛发展，给桃产业的发展注入了新活力，传统桃文化与现代新品种，桃设施反季节栽培模式的交汇，促进了我国桃生产的发展，推动了观光旅游业的蓬勃兴起。但在桃产业发展中还存在不少问题，苗木质量良莠不齐，设施栽培桃密度较大，造成光照不足、经济寿命缩短，当年产量虽高，但品质下降。这就需要广大生产者不断吸取和借鉴成功的先进经验，学习科学种桃的知识，掌握新品种、新技术以及新的栽培模式。这也是我们受浙江省农业科学院老科技工作者协会委托编写此书的宗旨所在。希望本书在桃产业发展中起到一定的推动和指导作用。

我们在经过数十年的科研和生产实践基础上，汇集国内外有关资料，结合果农在生产中存在的问题，重点介绍了桃优良品种，露地桃的早果稳产栽培技术，设施栽培桃生产关键技术，以及病虫防治新方法、新农药。本书力求做到实用性、科学性、通俗性于一体，运用果农容易理解的语言，并配有部分插图，内容通俗易懂，可供桃生产者及科研、教学、生产推广工作者参考。

本书在编写中尚有不足和错误之处，敬请读者批评指正。

编著者

目　录

第一章

概　　述

一、桃树的特点及经济效益

（一）桃树的特点

桃栽培分布很广，全球共有 83 个国家和地区从事桃树的商业生产（FAO，2017），主要集中在亚洲、欧洲、美洲等地，栽培面积列前 5 位的国家分别是中国、西班牙、意大利、伊朗和美国。桃原产我国，在我国陕西、甘肃的高原地带和云南西部、西藏南部地区还有野生桃林分布。桃的种类繁多，依外形差异可以分为普通桃、油桃、蟠桃；依果肉颜色可分为白肉桃、黄肉桃、红肉桃。经过长期的发展，我国桃产业已基本形成了华北中晚熟桃、油桃产业带，黄河流域早中熟桃、油桃产业带，长江流域水蜜桃产业带，以及云贵高原特色桃产区，新疆特色桃产区，华南亚热带桃产区，东北、西北设施桃产区等"三带四区"优势产区。

桃果色、香、味俱佳，果实色泽靓丽，风味浓郁，深受消费者青睐。桃树在果树栽培中占有重要地位。其主要栽培特点有以下几方面：

①适应性强。无论山地、平原、丘陵均可种植，对气候、土壤的要求不高，是全球分布最广的果树之一。

②树势强健，生长量大，成形快，结果早。桃树的萌芽率和发枝力均强，一年可抽生 3～4 次新梢，种植后第三年即可投产，第五年进入盛果期。正常栽培管理条件下没有大小年现象。南方

桃产区盛果期桃园每亩*可达 1 500 千克以上，北方产区可达 2 500 千克以上。

③花芽易形成，产量稳，栽培容易。桃树是喜光树种，在光照充足的条件下，成花容易且花量大，容易实现丰产、稳产。

④果实成熟期跨度大，鲜果供应期长。特早熟品种成熟在 5 月上旬，晚熟品种成熟在 11 月底。通过设施栽培，鲜果供应期还可延长 1 个月以上。

桃树的缺点是：经济寿命较短，一般桃树寿命 20～30 年，尤其是南方多雨地区经济寿命更短；适应性较差，喜光、怕阴、不耐涝，排水不良的土壤不宜栽培；果实不耐贮运。对农药敏感，栽培上需注意。

（二）经济效益

桃栽培历史悠久，据文献记载，已有 3 000 多年的栽培历史，是我国主要的落叶果树。近十年来，我国桃的栽培面积、产量一直居世界首位。桃适应性广，生长旺盛，栽培容易，结果早，产量高，见效快，分布广泛，遍及我国大江南北。桃除鲜食外，可加工成桃干、桃脯、桃酱、桃汁，还可制成罐头，很受消费者欢迎。桃果实营养丰富，每 100 克果肉含糖 7～15 克，有机酸 0.2～0.9 克，蛋白质 0.4～0.8 克，维生素 C 6 毫克，类胡萝卜素 1 180 毫克，还含有钙、磷、铁等多种营养元素及大量人体所需的氨基酸。桃根、叶、花、仁均可入药，具有止咳、活血、通便等功效。桃树姿态优美，花色绚丽，极富观赏价值，对美化城市、绿化环境起到积极作用。

我国桃资源丰富，目前桃品种有 1 000 多个，其中地方品种占 1/2 左右。自 20 世纪 50 年代开始资源调查，在桃品种资源调查和引种的基础上于 80 年代分别在北京、南京和郑州先后建立

---

* 亩为非法定计量单位，1 亩≈667 米^2。——编者注

了国家桃种质资源圃，保存品种资源 1 000 余份。利用这些品种资源育成了早、中、晚不同成熟期的鲜食、加工和油桃等系列品种，如中桃系列、中油系列、瑞蟠系列，为品种结构调整与品种更新作出了重大贡献。

桃在农村产业结构的调整中占有重要地位，成为各地发展效益农业的支柱产业。尤其是应选择适合当地产业发展的桃品种推广应用，实现一个品种带动一个产业，致富一方百姓的效果。如中国水蜜桃之乡的奉化水蜜桃，被誉为"琼浆玉露""瑶池珍品"而驰名中外，最新统计的栽培面积已达 3.9 万亩，产值 3.5 亿元，已成为当地农民收入的重要来源。无锡阳山水蜜桃，亩纯收入 13 500 元以上。锦绣黄桃在浙江嘉善县姚庄镇、西塘镇栽培，形成了万亩规模，产量维持在 2 000 千克/亩以上，出园价在 10 元/千克以上。金霞油蟠在金华通过避雨栽培，2016—2017 年亩产值达到 10 万元以上，带动了一大批农民增收致富。北京平谷是当之无愧的"中国桃之乡"，据报道，桃栽培面积已达 21 万亩，综合效益 4.69 亿元，该区有 5 万多名从事桃生产的农民。平谷投资兴建了标准化市场，年交易量达 8 万吨，交易额达 1.6 亿元，成为山区、半山区农民致富的有效途径。近年来，由于优良品种的大量推广应用，不仅丰富了市场供应，而且市场售价也得到了较大地提高，在我国主要桃产区均出现了较好的发展势头，产生了良好的社会效益、经济效益。

二、桃生产现状

（一）我国桃生产现状

我国是世界第一产桃大国，面积与产量仅次于苹果、柑橘、梨，位列第四。我国桃面积与产量分别是 83.67 万公顷和 1 147 万吨（FAO，2017），分别占世界总面积、总产量的 51% 和 58%，在世界桃产业发展中占有重要的位置。桃虽然在我国分布很广，但主产区还是相对集中。目前栽培面积超过100万亩的省份分别是山东、河北、河南。其中以山东省生产规模最大，栽培面积169.6万亩，产量293.58万吨。市、县栽培面积超过10万亩的有山东蒙阴县，河北乐亭县、顺平县，北京平谷区，甘肃秦安县等，其中蒙阴县栽培面积最大，达到65万余亩，年产量115万吨，年产值36亿元。此外，设施栽培桃面积最大的是辽宁省普兰店，大棚面积10.2万亩，年产量达16万吨，年产值25亿元。

品种结构发生了很大变化，主要是中熟品种增加，早熟桃品种减少。在品种类型上趋于多样化。

一是白肉桃虽占优势，但鲜食黄肉桃开始崭露头角。以其色橙黄、味甜、风味浓郁、耐贮藏而开始受到消费者的喜爱。锦绣、黄金蜜系列等品种的推广，其售价比同期成熟的白桃高1～2元/千克。

二是油桃、蟠桃、油蟠桃比例大幅增加。油桃以其皮色艳丽、光滑、无毛、食用方便受到人们的重视，新品种层出不穷。中油系列、瑞光系列油桃在华北等地区以保护地栽培方式反季节上市，成熟早、售价高，亩效益达1万～3万元。蟠桃自古以来受到人们的喜爱，育成的金霞蟠油蟠、蟠桃皇后、瑞蟠4号等品种的推出，在新疆、北京、浙江一带热销。

三是加工黄桃再度兴起。随着人们生活水平提高和国际市场的开拓，目前安徽砀山、山东临沂、湖北孝感、河南灵宝、山西运城等主产区黄桃生产加工势头迅猛。

整形修剪模式有了较大变化，原来以三大主枝开心形为主的模式向多种树形并存的方向发展。近年来，圆柱形、Y形等在各地均有应用，提倡宽行密株，朝着省力化方向发展。设施栽培已被广泛认可，成为效益农业的首选项目，稳产、优质、高效成为主要追求目标。

（二）浙江省桃生产现状

浙江省是我国桃主产区之一，到2017年年底，全省桃面积已达 46.40 万亩，产量 44.96 万吨，产值 13.94 亿元。目前全省栽培面积较大的地区有丽水、宁波、杭州、台州、绍兴、金华等市，栽培面积 1 万亩有宁波市奉化、宁海，丽水市莲都、缙云、青田，台州市仙居、临海，绍兴市嵊州、新昌，杭州市富阳、淳安、桐庐、建德，金华市金东、义乌等。生产布局有较大变化，早熟品种逐步减少，中晚熟品种逐步增加。浙江省桃栽培历史悠久，20 世纪 50 年代桃主栽品种有五月桃及日本引进的五云、仁圃桃。60 年代以硬肉桃小暑、冈山洋桃为主，水蜜桃以小林、白花、五云、玉露为主。70 年代起从日本引进早熟桃品种，如白凤、冈山早生、砂子早生、仓方早生等；加工桃发展迅速，丰黄、连黄等黄桃品种在浙江省 12 个食品罐头厂加工生产，年加工罐头产量达万吨，居全国首位。极大了丰富了品种类型，促进了浙江省早熟桃及罐头桃生产蓬勃发展。80 年代末至 90 年代初，浙江省农业科学院园艺研究所育成了早霞露、玫瑰露、雪雨露等综合性状优良的早熟桃新品种，加快了早熟桃的品种更新。21 世纪初，随着浙江省实施了"精品水果工程"，促进了品种更新。果实品质更优的中晚熟品种快速扩大，湖景蜜露、赤月、燕红、圆梦等一批品种在生产上推广，取得明显经济效益，近年来，栽培面积逐年扩大，产量也稳步提高，产值大幅提升（表 1 - 1）。

表 1 - 1 2008—2017 年桃面积、产量与产值变化

时间（年份）	2008	2009	2010	2011	2012	2013	2014	2015	2016	2017
面积（万公顷）	2.58	2.63	2.623	2.589	2.623	2.587	2.805	2.989	3.073	3.093
产量（吨）	346 219	365 679	355 911	383 242	389 383	393 217	398 896	428 700	416 869	449 574
产值（亿元）	8.5	9.5	10.3	10.3	12.23	14.82	15.16	14.83	13.80	13.94

在栽培水平方面也有了长足进步。桃树整形修剪形成了以开心形为主的模式，Y形、圆柱形栽培模式有了较多应用。桃设施栽培开始兴起，主要是针对南方夏天潮湿气候条件下，油桃、油蟠桃易裂果、栽培难度较大的情况，开展避雨栽培。金华地区对品种金霞油蟠采用设施栽培后，成熟期提前，克服了裂果现象，改善了果实外观品质，取得了显著的经济效益。目前，桃的设施栽培面积有逐年扩大的趋势。

（三）桃生产中存在的问题

1. 良种良苗体系不健全，砧木良莠不齐　不了解品种适应性，全民育苗，市场混乱，无序经营，造成品种杂乱，苗木质量得不到保证。

2. 未建立有效的标准化病虫防控技术体系　桃疮痂病、炭疽病、梨小食心虫等常常大面积发生，损失惨重，合作社、种植大户及普通农户未能掌握病虫防控的关键技术。

3. 土壤管理水平低　桃园土壤改良工作没有放在重要位置，施肥凭经验偏重施化肥，不重视增施有机肥，造成土壤酸化、板结环境污染，导致产量低，品质下降。

4. 机械化管理程度低　桃园管理的机械化程度低，是普遍存在的问题，尤其是土壤肥水管理、病虫防控方面，与发达国家相比，差距较大。虽然北方许多大型桃园已开始使用施肥、除草、喷药的设备、机械，显著提高了效率，但总体而言，应用的比例还很低。相当一部分的山地、丘陵果园还是传统的人工操作，劳动效率低下。南方桃园由于雨水多，果园排水沟渠多，不利于机械行走，限制了大型桃园机械的使用。而桃果商品化处理水平远比苹果、柑橘低，尚未能找到有效的途径加以突破。

（四）提高桃商品性生产有效途径

我国虽是世界第一大桃生产果，品种类型丰富、总产量高，但果品的单价处于世界的中下水平，提高果实的商品性至关重要。

1. **选择优良品种** 品种是优质高效生产的基础，选择外观好、品质优、耐贮运，且适宜本地区栽培的品种有利于提高果实的商品性。我国许多桃育种单位相继推出了不少优良品种，为商品生产提供了更多的选择，需加大推广力度。

2. **提高病虫害防控水平** 果实外观是商品性最重要的指标之一，病虫危害是降低果实商品性的重要原因，通过标准化的方法合理地及时防控，以减轻病虫危害，改善果实外观。

3. **改良栽培模式** 采用通风透光的整形修剪模式，结合疏果、套袋、配方施肥等技术，进一步提高果实内在品质。

4. **提高商品化处理水平** 通过分等分级，选用合适的包装方法与材料以及建立和健全良种良苗规范化生产体系，都是提高果实商品性最有效途径。

第二章

桃对环境条件的要求
及生长结果习性

一、环境条件的要求

(一) 光照

光是光合作用的能量来源，是形成叶绿素的必要条件，也是影响光合作用的重要因素。桃原产海拔高、日照长的地区，形成了喜光的特性。桃是喜光的果树之一，年需日照 1 600～1 700 小时，光照对改善桃树体营养、提高桃果内在和外观品质具有显著作用。因此，在传统的桃树栽培上多采用疏散透光的树体结构，对幼树通过拉枝等措施开张角度促进早期成形，对成年树采用合理修剪，冬剪与夏剪相结合来提高和改善光照条件，达到改进品质、提高产量的目的。

叶片通过光合作用来制造营养，供应自身及其他器官生长发育。光照不足，枝条容易徒长，积累的营养物质少，影响树体健壮生长。

光照有利于花芽分化，花芽形成的数量和质量随着光照强度的增加而增加，光照不足，不仅对果实生长有影响，也影响果实可溶性固形物和干物质的含量。树冠郁闭，光照不好，果实着色不良，糖度低，品质下降。一般要求树冠内膛与下部光照强度在 40%～50%，以确保叶片正常的光合作用。光照条件好的部位，则果实大、色泽鲜亮、含糖量高、风味浓郁。

（二）温度

温度是桃树生存的重要条件之一，直接影响桃树的生长和分布。桃树喜温，生育期需较高温度，休眠期则需一定低温。适栽地区年平均气温为 12～15℃，生长期平均气温为 19～22℃。桃树较耐寒，一般品种在 −25～−22℃ 时才能发生冻害。桃各器官中以花芽耐寒力最弱。花从开放到结果整个过程中，耐寒力逐渐减弱。萌动后的花蕾可耐 −6.6～−1.7℃，开花期可耐 −2～−1℃，幼果是最容易受冻的，幼果期可耐 −1℃，但还与温度胁迫持续时间有关。果实成熟期间昼夜温差大，干物质积累多，风味品质好。因此，北方地区桃比南方地区的果实大、色泽艳丽。

桃树在冬季需要通过低温来完成休眠，即需要一定的需冷量，一般是以 0～7.2℃ 的累积时数来表示。栽培品种的需冷量一般为 400～1 200 小时。400 小时以下为短低温品种，800 小时以上为长低温品种，多数品种需要 750 小时以上才能完成休眠。需冷量不足会出现延迟落叶，翌年开花不整齐，产量下降，严重者引起枯芽等现象，几乎无收成。

（三）水分

水是桃树生命物质的重要组成部分，直接参与桃树的生长发育等代谢活动和产量的形成，对桃树生命活动起着决定性作用。水分供应过多或不足都会严重影响桃树的营养生长和生殖生长。

桃树根系浅，主要分布在 20～50 厘米土壤中。根系耐旱力较强，土壤中含水量介于 20%～40% 时，根系生长良好。根系呼吸旺盛时，耐水性弱，怕水淹，水涝会导致土壤通气障碍，正常的有氧代谢过程受到抑制，积水 2 天就会造成落叶和死树。适当灌水可延迟桃树花期，有效预防花期冻害，果实近成熟期，适度控水，可有效提高果实品质。水分供应不足会严重影响果实发育和枝条生长，但在果实快速生长或成熟期间，雨水过多，易引起裂果，果实着色不良，品质下降，容易引发病害。

在干旱的情况下，供水过急会造成裂果，突遇暴雨来临，常造成大量裂果，尤其是油桃表现更为明显。合理供水是实现桃优质、高产的必要条件。土壤灌水的质量需符合国家有关标准的要求。

（四）土壤

土壤是桃树所需矿质营养的主要供给源。保持桃园土壤的营养平衡，是促进根、枝、叶、花、果实的分化和生长的前提。

桃树对土壤要求不严，沙土、壤土、黏土均可种植。但仍以土壤疏松深厚、地下水位较低、排水良好的沙质壤土最为适宜。pH 5～7.5 范围内均可栽培，但以 pH 5.5～6.0 的微酸性土壤最适宜，土壤 pH 过高或过低都易产生缺素症，当土壤 pH 8 以上时，易引起缺铁症，叶片黄化。在排水不良的土壤上更为严重，根系对土壤中氧气敏感，土壤含氧量 10%～15% 时，地上部分生长正常，低于 10% 时生长较差。

二、园地选择的要求

（一）园地选择

气候条件方面，由于桃适应范围广，以冬季绝对低温不低于 −25℃ 的地带为北界，冬季平均温度低于 7.2℃ 天数在 1 个月以上的地带为南线，均为适应区。

桃树对土壤条件要求不严，但土层深厚、质地疏松、透气性好的肥沃土壤更有利于桃树的生长。在种植业结构调整的大背景下，平地种植果树面积日益扩大。总体要求土地平整，土层深厚肥沃、疏松。山地、丘陵也应选择土层厚 50 厘米以上，坡度在

15°以下，南向完整的坡面。若坡度 16°～25°的向阳中位山带，光照较充足、昼夜温差大，果实甜度高，也可选择。但随着坡度增大，土层变薄，成本增加，产量也较低，必须慎重考虑。坡度达 25°以上的高位山带，操作不便，土质差，不宜选用。

桃树忌地现象明显，在同一园地土壤上连作桃树，会出现明显抑制甚至发生死树的现象，为此最好不要选择老果园或苗圃地作为新园地。若确需进行老果园更新，为减轻连作障碍，应在挖除后或苗圃起苗后，尽量清除残根，将沟改成种植畦，种植处改成畦。有条件的情况下最好轮作 2 年水稻或短期作物后再建园更为理想。

（二）规划

园地规划主要包括道路、栽培小区、水利系统、防护林、房屋等建设。一般桃园栽培用地面积应占总面积的 85％以上，其他设施的用地面积约占总面积的 15％以下，充分利用土地，方便操作与管理。

1. **道路设置** 果园道路分为干路和支路两种，干路供大型车辆通行，外接公路，内连支路，根据果园规模而异，通常宽 4～5 米。支路设在小区之间，供田间作业用，通常宽度 2～2.5 米。山区、丘陵地坡度小于 10°的园区，干路可以从上到下连通，路面中央稍高，两侧稍低，坡度大于 10°的园区，干路应迂回盘道。路面适当向内倾斜，以防水土流失，支路根据小区规模设计。

2. **果园小区设置** 根据地形、地势及土地面积确定栽植小区。平地 1～2 公顷为一个小区，山地、丘陵可按坡向或一个丘为一个小区，面积适当小一些，一般以长方形为好。

3. **防护林栽植** 面积较大的果园一定要设置防护林，防护林不仅可以减少风害，还能改善生态环境。一般每隔 200 米左右设置一条主林带，方向与主风向垂直。大型果园在与主林带垂直的方向间隔 400～500 米设置一条副林带。小面积的桃园视实际情况考虑。

4. 园地排灌系统

（1）蓄水池 选择有较好水源的地方建立，也可直接利用现有的水源灌溉。山地、丘陵地可在桃园上方根据坡面、地形、降水量等条件，挖掘一定的拦水沟，并在拦水沟的适当位置建立蓄水池。平地及沿河地区可利用河流、湖泊、水塘或地下水为水源，建设沟渠。引水沟以建在果园高处为好，以便水能自流和保持一定的流速。大型果园引水沟较长，应设在主路的一侧，少占用土地，小型果园引水沟较短，可占用少量土地单设。

（2）排水沟 多雨的平地果园，必须开好排水沟，防止积水。一般要设主排水渠（沟）和行间沟。面积较大的平原地果园应建排水泵房。

三、生长结果习性

（一）根系

根是植物在长期适应陆地生活过程中分化形成的器官，是吸收水分、矿质营养，合成激素和有机物质的重要器官。根系除从土壤中吸收营养供植物生长发育外，还具有固定植株的功能。桃树根系由骨干根和须根组成。骨干根由主根、侧根构成，桃树根系主根不明显，但侧根发达。须根是根系中最活跃的部位，具有输导水分和养分及贮藏养料的功能。

栽培桃树多数是通过实生播种的砧木嫁接而来，属于直根系，主根上发生的侧根多且发达，进入结果以后主根已不明显，侧根成为根系的骨干根，主要向水平方向发展，而水平根集中分布在树冠以内。桃为浅根性树种，主要分布于 20~50 厘米的土层中。土壤地下水位高、排水不良的桃园，根系则分布于 10~30 厘米的浅层土壤。

桃的根系在年周期中没有明显的休眠现象，只要土壤通气性良好，且温度、湿度条件适宜都能生长。土壤温度在 0℃以上，根系就会吸收氮素，开始合成有机营养，当土温上升4～5℃时，须根上开始长出白色的吸收根。当土温达到15℃以上则开始旺盛生长，但土温超过30℃时根系停止生长。

桃根系的年生长周期中有两个生长高峰期。5～6月，土壤温度达20℃左右，根系生长最旺盛，为第一个生长高峰期；9～10月，新梢停止生长，叶片制造的养分回流根部，土温也在20℃左右，新根发生数量多，生长速度快，为第二个生长高峰期。

土壤的通气性和含水量对根系生长也有一定影响，土壤含水量达到田间持水量的60%～80%时，土壤通气性最好，而土壤温度也适宜，则最有利于根系生长。土壤水分过多，持续时间过长会引起根系窒息而导致全树死亡。

（二）芽和枝条

芽是枝、叶、花的雏形，桃树的生长、结果与更新等重要生命活动都通过芽来实现。

根据芽的性质可分有叶芽、花芽、潜伏芽。叶芽呈三角形，着生于枝条顶端或叶腋处，萌发后只抽生枝叶。花芽萌发后只抽生花，又分为单花芽和复花芽，单花芽在枝上每节只着生1个花芽，复花芽在枝上着2个以上的花芽。潜伏芽，潜伏在枝条内部，又称隐芽。隐芽的潜伏期长，在受到较大的刺激后就容易萌发，否则不会萌发。一般重修剪、刻芽等刺激下就会萌发，但比普通的芽萌发推迟一周时间，隐芽一旦萌发，往往生长势很强，会形成较强的徒长枝，在整形修剪上可作更新枝用。桃树有的叶腋没有芽原基，有节无芽，俗称盲节或盲芽，盲节处不发枝，修剪时应除去。桃叶芽早熟性很强，当年早期形成的叶芽可以继续萌发，形成新枝梢，一般可抽生2～4次。芽的类型见图2-1。

桃树一年生枝可分为生长枝和结果枝两种。生长枝以营养生长为主，包括发育枝、徒长枝。结果枝可分为徒长性结果枝、长果枝、中果枝、短果枝、花束状结果枝等5种（图2-2）。徒长

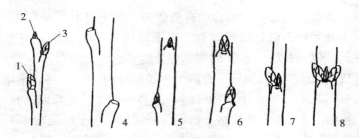

图 2-1　桃芽的类型

1. 侧芽（腋芽）　2. 顶芽　3. 侧芽（腋芽）　4. 秋梢盲芽（盲节）

5. 单叶芽　6. 单花芽　7. 一叶一花　8. 一叶二花

性结果枝长达 60 厘米以上，上部有少量副梢，花芽质量较差。长果枝长 20～60 厘米，着生复花芽，为主要结果枝。中果枝长 15～30 厘米，大多为单花芽，也有复花芽。短果枝长 5～15 厘米，着生单花芽，顶芽是叶芽。花束状果枝，顶芽为叶芽，其他均为单花芽，小于 5 厘米。

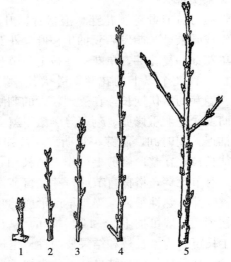

图 2-2　桃树各种果枝

1. 花束状果枝　2. 短果枝　3. 中果枝　4. 长果枝　5. 徒长性结果枝

花芽分化是桃年生长周期中重要的生命活动之一，花芽的数量、质量与果树产量直接有关。桃花芽分化属夏秋分化型，其分化时间依地区、气候、品种、结果枝的种类、树势强弱等而有差别，一般6月下旬至9月中下旬完成。短果枝、花束状果枝分化早，长果枝和副梢分化晚，但进程较快。

（三）花和果实

桃大部分品种为完全花，即在雄蕊的花药中产生成熟的花粉，但也有部分品种雄蕊退化，不能产生花粉或花粉很少。桃开花期平均温度需10℃以上。花期持续日数随气温变化，气温越高花期越短，反之则长。

大部分桃品种为自花结实，但也有少数品种花粉不育，自花结实能力差，或者没有自花结果能力。如白花、砂子早生、金花露等，在种植花粉不育的品种时，应注意配置授粉树，还需进行人工授粉，以提高产量。

桃授粉受精后，子房壁细胞迅速分裂，果实迅速膨大，花后30天左右，细胞分裂停止。以后果实增长，主要靠细胞体积增长、细胞间隙扩大。桃果实发育一般分成3个时期：一是从子房膨大至核硬化期间；二是自核层开始硬化至硬化完成，此时果实增长缓慢，果核逐渐硬化，又称硬核期；三是自核层硬化完成至果实成熟为止，此时细胞迅速增大，果实的重量与体积迅速的增加，在成熟前10～20天变化特别明显。

第三章

优 良 品 种

一、品种选择的要求

优良品种必须具有综合的优良性状，能满足农业生产需要。随着育种技术的进步与品种改良的不断深入，品种的特性越来越接近市场需求的预期目标。但是，由于人们的需求在不断变化与提高，对品种果实性状的要求也会逐渐改变。桃是多年生果树，栽植后 3 年开始结果，5 年即可进入盛产期，经济寿命十余年。一经种植就不宜进行移栽或品种更换，因此，栽植前必须选择适合的品种种植。品种选择注意事项：

一是果实综合性状优良。果形端正、皮色着有红晕、具芳香。中、大果型。大果型品种，单果重应在 200 克以上；中果型品种，单果重应在 150 克以上。肉质致密或柔软，汁液较多，味甜或酸甜适口，具香气。耐贮运，货架期长。

二是适应性强。能适应不同土壤、气候条件，对生态环境条件没有严格的要求。

三是抗逆性强。对各种逆境忍耐性强，如抗风、抗盐碱、抗干旱和耐涝等能力较强。抗病虫能力强，正常管理条件下，没有重大病虫害发生。

四是栽培容易。花芽形成良好，连续结果能力强，没有大小年现象。

五是罐藏加工品种要求具有黄肉、粘核、不溶质特点。

二、适宜发展的优良品种

（一）白桃

1. 霞晖5号 江苏省农业科学院园艺研究所育成，亲本是朝晖×63-17-1（玉露×早生水蜜），果实圆形、整齐，平均单果重160克，果皮乳白色，外观好；果肉白色，汁液多，味甜，有香气，可溶性固形物含量11.0%～13.0%，粘核。果实7月上旬成熟，果实发育期95天左右。

2. 霞脆 江苏省农业科学院园艺研究所育成。亲本是雨花2号×77-1-6（白花×桔早生）×朝霞。平均单果重165克。肉质细、致密、味甜，可溶性固形物含量11.0%～13.0%，粘核。南京地区果实7月初成熟，耐贮运，常温下可贮放7天以上，有花粉。

3. 新白凤 从无锡阳山水蜜桃生产园中选出，亲本不详。果实长圆形，平均单果重200克，色泽艳丽美观，果肉硬溶质，汁液较多，味甜，香气浓，可溶性固形物含量12%～14%，粘核。无锡地区7月上中旬成熟。

4. 霞晖6号 江苏省农业科学院园艺研究所育成，亲本是朝晖×雨花露。果实圆形，平均单果重211克，果面80%以上着玫瑰红霞，外观好；果肉乳白色，肉质细腻，汁液中等，味甜，有香气，可溶性固形物含量12.3%～15.0%，粘核。南京地区7月中旬成熟，生育期108天左右，有花粉。

5. 赤月 日本品种，亲本是朝晖白凤×白桃。果实圆形，平均单果重177克，果皮绿色着玫瑰红霞，外观美；果肉白色，肉质细腻，汁液中多，味甜，有香气，可溶性固形物含量12.5%～14.5%，粘核。奉化地区7月上旬成熟，生育期108天左右，花芽易形成，有花粉，丰产。

6. 湖景蜜露 无锡市郊梅园乡白凤桃园中发现的芽变，又名晚白凤。果实圆形，平均单果重 160 克，果皮底色乳黄色，果面着玫瑰红霞；果肉乳白色，肉质致密，略有纤维，风味甜，有香气，可溶性固形物含量 12.2%～14.0%，粘核。杭州地区 7 月中旬果实成熟，生育期约 113 天，有花粉。

7. **霞晖 8 号**　江苏省农业科学院园艺研究所育成，亲本是朝晖×瑞光 18 号。果实近圆形，平均单果重 215 克；果肉白色，果面 90%以上着红色，硬溶质，汁液中等，味甜，可溶性固形物含量 12.8%，粘核。南京地区 8 月中旬成熟，有花粉。

8. **新玉**　浙江奉化桃研究所从玉露桃中选出。果实卵圆形或圆形，平均单果重 181 克，大果重 398 克；肉质柔软，略有纤维，味浓甜略有香气，可溶性固形物含量 13.5%～15.5%。奉化地区 7 月中下旬成熟，有花粉。

9. **丹霞玉露**　浙江奉化桃研究所育成，亲本是湖景蜜露×上山大玉露。果实圆形，平均单果重 180 克，大果重 225 克，果皮绿白色，着红晕较多，肉质柔软，味甜，可溶性固形物含量 12.5%～14%，粘核。奉化地区 6 月底至 7 月初成熟，有花粉。

10. **圆梦**　浙江奉化桃研究所与浙江大学合作育成，亲本是白丽×湖景蜜露。果实圆形，整齐一致，平均单果重 220 克，大果重 405 克，果皮绿白色，着红晕较多，外观美。肉质致密，汁多，味甜有香气，可溶性固形物含量 14%～15.5%，粘核。奉化地区 8 月上旬成熟，有花粉。

11. **燕红**　原代号为绿化 9 号，亲本不详。果实近圆形，果顶微凹，两半部较对称，果形整齐，着暗红色，果皮难剥离。平均单果重 220 克，大果重 350 克。果肉白色，近核处红色，肉质致密，味甜，有香气，可溶性固形物含量 15%～18%，粘核。花粉多。北京地区 8 月下旬至 9 月上旬采收，果实发育期约 130 天，有花粉。

12. **晚蜜**　北京市农林科学院选育，亲本不详。果实近圆形，果顶圆，微凸。果实阳面呈紫红色，皮不易剥离。平均单果重 230 克，果肉白色，近核处红色，硬溶质，味浓甜，可溶性固形物含量 14%～16%，粘核，有花粉。北京地区 9 月下旬至 10 月初成熟，果实发育期 165 天左右。

（二）鲜食黄桃

1. 锦香 上海市农业科学院育成，亲本是北农 2 号×60 - 24 - 7。果实近圆或椭圆形，果顶圆，果皮橙黄色，红晕较多，平均单果重 203 克。果肉黄色，肉质柔软略有纤维，味甜，有香气，可溶性固形物含量 13%～14%。上海地区 6 月下旬采收，果实发育期为 76 天，无花粉，有裂核现象。

2. 金花露 江苏省农业科学院园艺研究所育成，亲本是白花×初香美。果实圆形，平均单果重 158 克，果皮金黄色，有少量玫瑰红晕。果肉金黄色，汁液多，肉质柔软，汁多味甜，香气浓，可溶性固形物含量 10.9%～12%。在南京地区 6 月底采收，果实生育期 81 天左右，无花粉。

3. 金凤 锦绣实生苗中选出。果实圆形，果皮金黄色，果顶着红晕，平均单果重 300 克。果肉黄色，肉质细，味甜，香气浓，汁液较多，可溶性固形物含量 12%～14%，粘核。杭州地区 6 月底到 7 月初成熟，有花粉，丰产，耐贮运。

4. 锦园 上海市农业科学院育成，亲本是锦绣×75 - 1 - 3。果实圆正，果皮黄色，平均单果重 200～220 克，大果重 270 克。果肉黄色，肉质细，汁液较多，味甜，可溶性固形物含量 13%～15%。上海地区 8 月上旬成熟，开花较迟，有花粉。

5. 黄金蜜 3 号 中国农业科学院郑州果树研究所育成，亲本是 92 - 3 - 39×91 - 2 - 2。果实圆形，平均单果重 215～260 克，果皮底色金黄，大部分果面着浓红色。果肉金黄色，味甜，香气浓，可溶性固形物含量 13%～17%，粘核。8 月初成熟，果实发育期 125 天，有花粉，品质优，较耐贮运。

6. 锦绣 上海市农业科学院育成，亲本是白花×云署 1 号。

果实圆形或椭圆形，果皮黄色，平均单果重 220～250 克。果肉黄色，肉质细，味甜，香气浓，汁液多，可溶性固形物含量13％～15％。充分成熟时可剥皮。上海地区 8 月中下旬成熟，有花粉，丰产，耐贮运。

（三）油桃

1. **紫金红 2 号**　江苏省农业科学院园艺研究所育成，亲本霞光×早红宝石。果实圆形，果顶圆平，平均单果重 182.7 克，大果重 230 克。果皮光滑无毛，底色黄色，着色艳丽，近全红；果肉黄色，硬溶质，纤维少，风味甜，有香气，可溶性固形物含量 14.5％，粘核。南京地区 6 月下旬成熟，有花粉，基本无裂果现象。

2. **紫金红 3 号**　江苏省农业科学院园艺研究所育成，亲本W31×紫金红 1 号。果实圆形，平均单果重 165 克。果皮底色黄色，果面 80％以上着红色；果肉黄色，硬溶质，风味甜，可溶性固形物含量 12.0％，粘核。南京地区 6 月中旬成熟，果实发育期 79～87 天，有花粉，较耐贮藏。

3. **满园红**　安徽省农业科学院园艺研究所育成，中油桃 4 号的早熟芽变。2011 年审定后定名为满园红，比中油桃 4 号早7～10 天成熟。果实圆形，全果分布红晕，外观好，平均单果重158 克。果肉黄色，硬溶质，汁液中等，可溶性固形物含量12％，粘核。合肥地区 5 月下旬到 6 月上旬成熟，有花粉，丰产。

4. **中油桃 5 号**　中国农业科学院郑州果树研究所育成，亲本瑞光 3 号×五月火。果实短椭圆形，果实底色绿白，着色多，外观美，平均单果重 150 克。果肉硬溶质，果肉白色、味甜略淡，汁液中等，可溶性固形物含量 9％，粘核。果实发育期 72天。杭州地区 6 月中旬成熟，丰产，不裂果。

5. **中油桃 14 号**　中国农业科学院郑州果树研究所育成，亲本〔（京玉×NJN76）×Hake〕×SD9238。果实近圆形，平均单果重 125 克，成熟时 90% 以上果面着浓红色。果肉白色，硬溶质，味甜，可溶性固形物含量 12.9%，粘核。郑州地区 6 月上旬成熟，果实发育期约 68 天，花粉多，耐贮运。

（四） 蟠桃

1. **早露蟠桃** 北京市农林科学院选育，亲本撒花红蟠桃×早香玉。果实扁平形，平均单果重 103 克，大果重 140 克。果皮黄白色，果面 1/4 以上具玫瑰红晕，果皮易剥离；果肉乳白色，肉质柔软，纤维少，汁液多，味甜，有香气，可溶性固形物含量 10%，粘核。杭州地区 6 月初成熟，有花粉。

2. **瑞蟠 14 号** 北京市农林科学院选育，亲本幻想×瑞蟠 2 号。果实扁平形，果皮近全红色，不裂顶，平均单果重 137 克。果肉白色，肉质为硬溶质，味甜，可溶性固形物含量 13%，粘核。北京地区 7 月上中旬成熟，丰产。

3. **金霞油蟠** 江苏省农业科学院园艺研究所育成，亲本霞光×NF。果实扁平形，果心小。平均单果重 121 克，最大果重 197 克。果皮底色黄色，果面 80% 以上着红色，外观艳丽。果肉金黄色，软溶质，味甜，可溶性固形物含量 12.0%～14.5%，粘核。南京地区 7 月 20 日左右成熟，有花粉。

4. **瑞油蟠 2 号** 北京市农林科学院育成，亲本瑞光 27 号油桃×93-1-24。果实扁平，平均单果重 122 克，果面近全红。果肉白色，硬溶质，风味甜，硬度大，可溶性固形物含量 13.5%，粘核。果实发育期 119 天，有花粉。北京地区 8 月中旬成熟。适宜在北京、河北、山东等地种植。

5. **蟠桃皇后** 中国农业科学院郑州果树研究所育成，亲本早红 2 号×早露蟠桃，经胚培养而成。果实扁平，平均单果重 173 克，成熟时果面 60% 以上着红色。果肉白色，硬溶质，味浓甜，可溶性固形物含量 12%，粘核。郑州地区 6 月中旬成熟，有花粉，有裂果现象。适宜黄河以北的北方设施栽培。

（五）加工黄桃

1. 连黄　大连市农业科学研究院育成，系早生黄金后代。果实圆形，平均单果重125克，大果重310克。果皮金黄色，向阳面红晕较多。肉质为不溶质，味酸甜，汁液较少。可溶性固形物含量11%～12%，粘核。杭州地区7月中旬成熟，有花粉，加工利用率高。肉质细密，甜酸适中。

2. 金童5号　原代号NJC83，美国品种，亲本P13 502×NJC69。果实近圆形，平均单果重158克，大果重265克，缝合线中，两侧较对称，果皮黄色。肉质为不溶质，汁液中等，味甜酸，可溶性固形物含量9.9%，粘核。北京地区8月上中旬成熟。花粉多，加工成品整齐、色泽橙黄，肉质细韧，甜酸适中，有香气。

3. 燕黄　原代号北京23号，北京农林科学院育成，亲本冈山白×兴津油桃。果实近圆形，略有小尖，平均单果重187克，大果重225克。果皮黄色，具暗红色晕。肉质为硬溶质，味酸甜，有香气，可溶性固形物含量12%，粘核。北京地区8月中旬成熟，花粉量多。加工成品整齐，色泽橙黄，肉质细韧，甜酸适中，有香气。

4. 罐桃5号　日本品种。亲本（金桃×Tuscan）-43×（冈山3号×Orang Cling）。果实圆形，平均单果重135克，大果重225克，两半较对称，果皮金黄色。肉质金黄，略带红色素，不溶质，味甜酸，可溶性固形物含量10%，粘核。杭州地区7月下旬至8月初成熟，花粉多。加工成品果块圆整，肉厚，金黄色，肉质细紧，甜酸适口，略有香气。

第四章

苗 木 培 育

苗木是桃树栽培的基础，苗木质量不仅影响种植成活率，也影响结果早晚及其产量高低，苗木培育包括砧木苗繁育和嫁接苗培育两个阶段。

一、砧木苗繁育

（一）常用砧木

1. **毛桃** 具有根系发达，生长快，适应性强，较耐湿，适应温暖多雨的南方气候的特点，与品种桃的嫁接亲和力强。

2. **山毛桃** 又称山桃，耐旱、耐寒、耐瘠薄，较耐盐碱，不耐湿，不适合在黏土地、排水不良及地下水位高的地方栽培，与品种桃的嫁接亲和力强，适于北方桃产区。

3. **毛樱桃** 与品种桃的嫁接亲和力稍差，具有矮化作用，作为矮化中间砧用，有早衰现象。

砧木的繁殖均为种子播种，为保证发芽率，种子要采集充分成熟的果实，种仁饱满。浙江省选用的砧木是毛桃，采收的果实先堆积，使果实软化。堆积时要常翻动，散发热气，防止堆内温度过高而影响种子发芽力。待果实软化后揉碎，清洗并取出种子摊薄、晾干。保存在阴凉、干燥处。春播种子必须沙藏，一般需90天左右，沙藏温度 5～10℃。湿沙含水以手握成团，松手不散为宜。在实际操作过程中，也可在播种前将种子浸于池塘水中5～7天，取出后于10月直接播种，在土壤中完成似沙藏的作用。

（二）砧木苗的培育

1. **播种** 播种圃地应选阳光充足，排水良好的平地或缓坡地。播种前做畦，条播畦宽 60～80 厘米，床播畦可加宽至 120 厘米。种子播种深度 3～4 厘米，种子与种子间正好挤住。播后覆土并盖稻草或地膜等，保持土壤水分。

种子也可直播，播种前做畦，施足基肥。在入冬前将种子浸泡 5 天后直接撒播。

2. **砧木苗管理** 直播砧木苗长出 3～4 片真叶时进行间苗或补苗，保持行距 30 厘米，株距 10 厘米，亩栽 15 000～20 000 株。床播的砧木在长出 2～3 片真叶时移植。生长期应加强肥水管理，薄肥勤施，并及时除杂草，防控病虫害。

二、嫁接苗培育

（一）接穗的准备

桃树一般采用成苗建园，也可采用半成苗（芽苗）直接建园。目前多采取当年嫁接、当年出圃，即 5 月底至 6 月嫁接，当年出圃成苗。当年出圃成苗的接穗选用当年抽生的嫩枝，以 0.3～0.5 厘米粗的结果枝或生长枝为宜。剪去叶片，保留叶柄并挂好品种标签，以随采随用为好。短期保存应放在室内阴凉处，把接穗下端浸在 3～5 厘米的浅水中。运输要用湿毛巾包裹，外用塑料薄膜包严，防止失水。

（二）常用嫁接方法

1. **芽接** 优点是成苗快，愈合容易，操作简便，工效高。芽接分夏秋季，当年成苗出圃在 5 月下旬至 6 月上中旬进行，秋季芽接在 8～9 月进行，第二年变成苗出圃。均需加强肥料管理。

运用较多的是"丁"字形芽接和贴皮芽接，现将"丁"字形芽接介绍如下：

　　（1）削芽 取出质量好的接穗，选取中部位置，在接芽上方横割1厘米，两边向下斜割，呈锐角三角形，剥下芽片，保留芽片内维管束，不带木质部。若皮层不易剥离，可削下1.2～1.5厘米盾形片，稍带木质部，见图4－1。

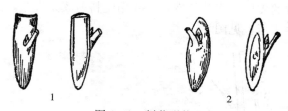

图4－1 削芽形状

1. 向外推削的芽片　2. 向内拉削的芽片

　　（2）切砧与嫁接 当年成苗出圃砧木在距地面15～20厘米处切口，尽量选表皮光滑平直面向北面，有风吹袭的圃地，切口选用向风面，减少接芽抽枝后的损失。选好切口位置，用芽接刀横切0.5～0.8厘米的切口，以切断韧皮部为度。再从横切口中间向下纵切一刀，长1.5～2厘米，呈"丁"字形切口，挑开砧木插入芽片，注意芽片上方要和砧木"丁"字形的横切口面紧密相连，用塑料薄膜自上而下露出芽尖和叶柄绑紧接口（图4－2）。5天左右将芽接口上砧木剪截，砧截后注意除萌、抹芽，保证接芽正常

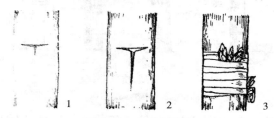

图4－2 切砧与绑缚

1. 横切口　2. 纵切口　3. 插入芽片并绑缚

生长。如秋季芽接不准备培养成苗，只是砧木在距地面 2～3 厘米处横切，方法与 5～6 月芽接法相同。

此外，若遇到不适宜"丁"字形芽接的情况，可采用带木质部贴皮芽接，选用的砧木和接穗要求与"丁"字形芽接相同，只是削芽片和砧木切口方法略有不同，即在接穗上要削成较大的盾形芽片，芽片略带木质部，在砧木适宜部位削掉和芽大小相同的稍带木质的皮层，将芽片嵌入，并用塑料薄膜条绑紧，此法可培养当年生成苗，见图 4-3。

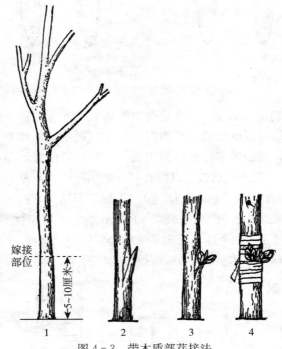

图 4-3　带木质部芽接法

1. 桃砧嫁接部位　2. 削砧　3. 砧穗结合　4. 绑缚

2. 枝接　在砧苗落叶前到第二年萌芽前均可进行，即 10 月到翌年 3 月初均可进行，运用最广泛是切接法。切接有落地接和起桩接。

（1）落地接 落地接在砧木地上，离地面3～4厘米处剪砧，选光滑一面，略带木质部垂直下切2厘米左右。削接穗时在芽的背面1厘米处略带木质部斜削一刀，削面长2厘米左右，再在芽正面斜削长0.8～1厘米的小削面，留1～2个芽剪断，将接穗插入砧木的切口，长削面接穗的形成层和砧木的形成层对准靠紧后，用塑料薄膜带绑紧，见图4-4。

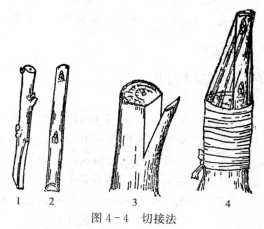

图4-4 切接法

1. 削接穗 2. 削接穗 3. 切砧 4. 插接穗、绑缚

（2）起桩接 起桩接将砧木掘起在室内进行切接，方法和落地接相同，如主根粗而长也可以利用作砧木，将粗根剪成12厘米予以切接，接好的苗埋入湿沙中，待愈伤形成后，于春节后移栽于圃地，若气温高的季节也可将切好的苗直接种于圃地，株行距为30厘米×10厘米。

（三）嫁接苗的管理

当年5～6月芽接的苗当年培养成苗，最新方法是在嫁接后5天左右，直接在接芽口上部留1厘米左右处剪砧，这样接芽抽枝快，剪后注意除萌、抹芽，确保接芽新梢正常生长，当嫁接后的新梢长到20～30厘米时，可将接苗处薄膜去除，并注意检查如接芽新鲜，叶柄一触即落表明已成活，反之接芽变黑表明未成活，还可及时补接。

秋季芽接当年不培养成苗，只需在休眠期或翌年春天萌芽前在接芽口上留1厘米左右处剪砧，剪口要平滑，剪砧后要及时除萌蘖，全年5～6次。

无论芽接或枝接苗，都必须加强中耕除草及病虫防治，尤其是5～6月芽接当年成苗出圃，还需薄肥勤施3～4次，促使其健壮生长。

三、苗木质量标准

苗木在完全落叶后至翌年2月均可出圃。由于苗木质量的差异，必须进行分级。优质苗木需符合以下条件：①枝干生长发育正常，组织充实，达到一定的高度与粗度。②整形带内有一定数量的充实芽。③根系发达，有一定数量的长度的骨干根和须根。④嫁接口愈合良好。⑤无严重的机械伤，没有检疫性病虫害。参照桃苗木的行业标准，苗木质量标准如表4-1。

表4-1　一年生桃苗分级标准与质量要求

项 目		一级	二级	质量要求
根	侧根长度（厘米）	20以上	15以上	1. 品种纯度98%以上； 2. 根系、根茎、芽没有明显损伤，嫁接口愈合良好； 3. 无检疫性病虫害
苗高	嫁接口以上（厘米）	80以上	60以上	
苗粗	嫁接口以上5厘米处（厘米）	0.8以上	0.6以上	

第五章

早果稳产栽培技术

一、正确选择品种

品种是桃树生产成败的关键，必须掌握以下原则。

（一）品种选择要有明确的目标

不要盲目跟进，随大流，一哄而上，不要盲目相信广告、信息，不要贪图便宜，购买劣质苗，必须做好充分调查研究，根据当地自然环境、适应性以及市场的需求和交通运输条件，还要考虑品种特征、特性等，选出适时、适口、适量的优良品种种植。

（二）选择综合性状好的品种

注意早、中、晚品种搭配，选择果大、味甜、色艳、稳产的优良品种。一般早熟种，在南方，由于6月之前常低温、多雨，光照不足，普遍风味较淡、甜度不足、果个较小，但正是淡季空档上市，市场受欢迎。而中晚熟品种桃树进入7月之后，由于高温少雨、光照强，一般所结果实风味较浓、甜度高，管理得法，可栽培出大果。

（三）选择有花粉的品种种植

大部分桃品种有花粉，自花结实，种植单一品种，也可获得丰产；但少数品种表现果个大、味甜，但没有花粉，如白花、新红、仓方早生、锦香黄桃等，若要种植，必须选择有花粉且花期相近的品种搭配种植，才能保证产量。

（四）根据经营方式选择品种

1. **个体专业户小规模分散经营** 多在城乡郊区，以批发桃果和零售为主的桃园，品种选择 1～3 个，熟期错开。

2. **专业乡镇合作经营** 成户种植，分户管理，形成果品基地，客户自愿采购，以农户为主。成立家庭农场、合作社、果业协会，由乡镇农办、农协牵头，帮助联系销路、技术指导，这种形式应选择主栽品种配以适当零星品种。

3. **休闲观光园的经营** 以农家乐的形式，观光观赏、自采、游乐为一体的休闲农庄，规模较大，一般为 150～500 亩。品种要求既有特色又要多样化，管理要求精细，品质要求高档，以此吸引顾客。

二、合理定植

（一）定植时期

桃树秋季落叶后至翌年春芽萌动前均可种植，在南方多在秋冬季种植，11 月下旬至翌年春节前均为种植的最佳时期，没有缓苗期，有利于桃苗扎根。北方由于气候干燥寒冷，常因干冷造成桃苗死亡，故多选择春栽，一般在 3 月中旬左右。

（二）定植密度

栽培距离应根据品种、树势、土壤质地、管理水平、市场需求等综合考虑，一般北方种植距离比南方大，平地比山丘大，定植距离有以下几种。

1. **正方形定植** 即株、行距相等，如 4 米×4 米、5 米×5 米、6 米×6 米等，这种形式有利于通风透光，树冠扩大。若选 4 米×4 米，封行后，存在行间较窄、操作不便等缺点，注意促控结合，控制树冠。

2. **长方形定植**　株距小、行距大，4 米×5 米、5 米×6 米、6 米×7 米等，有利于桃树生长发育，便于操作管理。幼苗阶段，还可间作低秆作物，增加收益。

3. **其他定植方法**

（1）**双行带状种植**　株距 3～4 米，窄行行距 3～4 米，宽行行距 6～8 米。

（2）**高密度定植**　为尽快投产，目前大棚桃多采用 1 米×1 米、1 米×1.25 米，1 米×1.5 米，1 米×2 米等多种形式密度，两年后须疏植去行，否则通风透光不良，管理操作不变，品质将会下降。

（三）定植技术和种后管理

1. **定植技术**　种植前应根据株行距确定定植点，然后进行挖穴。根据土地条件决定挖穴深度，土质肥沃的平地或山地，定植穴宽 80～100 厘米，深 60～80 厘米；地下水位高的水稻地，定植穴宽 70～80 厘米，深 40～50 厘米，畦面需加高，排水沟需加深。

挖定植穴时，将表土与底土分开放，穴挖好，先放半穴表土，再放入有机质肥料 50～70 千克，1 000 克磷肥，土肥混合放入，然后加一层土与地表齐平踏紧，加土做成高 20～30 厘米、宽 100 厘米馒头状土堆，以防松土下沉，苗木种后凹陷。

苗木种前先检查苗木质量，发现有根癌病苗应淘汰，为了防治根癌病，最好先用 1% 硫酸铜液浸根 5 分钟，再用 1% 石灰液浸根，或用 5 波美度石硫合剂浸泡 10 分钟，再用清水冲洗，种时需掌握几个要领：①先将嫁接薄膜去除，以防薄膜陷入木质部，影响养分吸收。②主根剪去 1～2 厘米，促发新根。③种植宜浅，只要根系埋入土中即可，嫁接口需露出土面，以防根颈部埋入土中，造成嫁接口处腐烂。④对准株行距，苗木要直立，根系要舒展，做到"一提，二踩，三封土"，苗和土结合后，轻提苗木，使根系与土壤贴紧，封土再踏实，浇透清水，1 周左右再浇水，并再次加土踏实。

2. **种后管理**　苗木种植完毕，先定干，高度 40～50 厘米，风害严重地方要立支柱，以防苗木吹斜或折断。及时追肥，发芽抽枝 10 厘米左右，开始追肥，要薄肥勤施，每隔 20 天左右，每株撒施尿素 50 克，连续 3 次。苗木新梢长到 30 厘米左右，选择不同方位的 3 个新梢作主枝培养，其余新梢控制生长或剪除。

（四）半成苗种植技术

为了及时建园，尽快投产，也可采用半成苗种植，就是选嫁接后，还未抽枝的苗种植，必须掌握几个关键环节：①选择饱满的接芽，上部保留 20 厘米毛桃砧出圃。②种植方法与成苗相似，接芽必须露出土面，朝向迎风面种植，以防接芽萌发后，新梢被风吹断。③及时剪桩，春节后在接芽上方 1 厘米处将砧木剪去，剪口要平，最好斜剪，以利于伤口愈合。④剪砧后立即插 1 支柱，当芽苗长到 20 厘米左右，将新梢绑缚在支柱上，以防风折断，同时还防走路不慎将幼苗踩断，造成不必要的损失。⑤及时除萌定干。毛桃上萌芽生长速度快，要及时发现，及时去除，确保嫁接新梢生长，新梢长到 50 厘米时，及时摘心定干，定干高度 40～50 厘米，下方保留 5～6 个新梢，新梢长到 30 厘米时，确定 3 个不同方位的新梢作为主枝培养，其余新梢控制生长或去除。⑥补种。保留 20％芽苗作为种后死亡的预备苗，选梅雨天带土球补种，若有遗漏，可在秋冬补种成苗。⑦薄肥勤施 3～4 次，及时防病虫害，做好开沟排水等作业。

三、地下部管理

（一）施肥

1. 桃对营养元素的需求特点

桃在整个生长发育阶段需要氮（N）、磷（P）、钾（K）、钙

（Ca）、镁（Mg）、铁（Fe）、硼（B）、锌（Zn）、锰（Mn）、铜（Cu）等营养元素按比例配合使用，做到平衡施肥，才能达到优质稳产高效，若缺少某种营养元素，都会导致缺素症发生。各种营养元素质量范围见表5-1。

表5-1 桃新梢叶片的营养诊断指标（7月取样）

元素	缺乏	适量
氮（%）	<1.7	2.5～4.0
磷（%）	<0.11	0.14～0.4
钾（%）	<0.75	1.5～2.5
钙（%）	<1.0	1.5～2.0
镁（%）	<0.2	0.25～0.60
铁（毫克/千克）		100～200
锌（毫克/千克）	<12	12～15
锰（毫克/千克）	<20	20～300
铜（毫克/千克）	<3	6～15
硼（毫克/千克）	<20	20～80

注：希尔和福斯特，1980。

（1）钾 桃对钾素需要较多，吸收量是氮素1.6倍，尤其是果实，其次是叶片，其吸收量占钾吸收量的91.4%，因此生产上特别要注意钾肥的使用，钾虽不是植物组织的组成部分，但对碳水化合物的代谢、细胞水分的调节及蛋白质、氨基酸合成有重要作用。缺钾会造成叶片卷曲并使主脉附近皱缩，叶缘处坏死，顶芽处有枯梢现象，果个小、糖度下降，品质变劣。细沙土、酸性土，有机质少和施用钙、镁较多的土壤上，易表现缺钾症。矫正方法：应在增施有机肥的基础上，注意施一定的钾肥，避免偏施氮肥，生长期根外追施0.2%硫酸钾液或硝酸钾液2～3次均有明显效果。

（2）氮肥 桃对氮素的需要也较多，但敏感性较强，叶片吸收量最大，占总氮量一半，幼果期氮肥不宜太多。氮是叶绿素、蛋白质、核酸等重要组成成分，能促进一切活组织的生长发育。缺氮会造成叶片薄，基部有红褐色斑点，枝条变细，果个小、品质差；但氮素过多，枝条旺长，树冠郁闭，光照差，花芽少。生产上缺氮易于矫正，在施足有机肥基础上，适时追施氮素化肥。

（3）**磷**　桃对磷的吸收也较多，与氮的吸收比例为 10：4，以叶果对磷吸收最多，磷是细胞核的重要成分，与细胞分裂关系密切。磷在树体内可以转移，因此缺磷表现多发生在新梢老叶上，叶变小，随气温下降呈红色，枝条节间短，果实汁液少，易裂果。若磷过多，着果率低，果小易腐烂，成熟期延迟。增施有机肥，改良土壤是防治缺磷症的有效方法，通过施用过磷酸钙和生长期叶喷施 0.3％磷酸二氢钾，防治效果明显。

（4）**钙**　桃对钙的吸收也较高，与氮的吸收比例为 10：20，钙在叶片中含量最高，约占总含量的 70％，钙以果胶钙的形式构成细胞壁的成分，促进正常细胞分裂，也是某些酶的活化剂。桃对缺钙较敏感，表现在幼叶尖端及中脉坏死，严重时像火烧坏死状况，钙在较老组织中含量特别多，但转移性很小。酸性和沙性土易缺钙。采用方法：施用适量石灰或石膏，可提高土壤中有效钙含量，叶面喷施 0.5％硝酸钙，连续 2～3 次即可。石灰性土壤，每亩地施硫黄粉 13 千克可起中和作用。

（5）**镁**　桃对镁也有一定要求，以叶片中含量最多，镁是叶绿素的组成成分，是许多酶系统的活化剂，能促进磷的吸收和转移。缺镁叶片边缘呈紫红色，中脉组织坏死，以致落叶。酸性土、沙性土，镁易流失，土壤中磷、钾肥过多，也会诱发缺镁症。方法是 6～7 月喷 0.2～0.3％硫酸镁再加 0.3％的尿素液效果较好。

日本福田、黑上 1955 年测定九年生白凤对以上 5 种主要营养元素吸收量见表 5-2，供参考。

表5-2　九年生白凤对几种主要营养的吸收量

（福田、黑上，1995）

树体部分	1 000 米² 当年新形成生物量（千克）	新形成部分的营养含量（千克）				
		氮	磷	钾	钙	镁
叶	494.4	4.41	1.13	6.05	11.75	1.79
果实	1 922.4	2.93	1.52	7.00	0.53	0.42
新梢	158.4	0.62	0.32	0.48	2.05	0.22
旧梢肥大	326.4	0.59	0.50	0.47	2.04	0.12
细根	74.4	0.51	0.05	0.10	0.09	0.02
根部肥大	69.4	0.24	0.07	0.18	0.37	0.40
合计	3 045.6	8.94	3.67	14.28	16.83	2.97

（6）其他营养元素

①硼。保持某些酶的活性，促进糖分在树体的运输，促进花芽萌发和花粉管伸长。桃树缺硼，引起新梢顶枯，枯死部位的下方，会长出侧梢，使枝条呈现丛枝反应，幼果畸形疙瘩果。硼过多也会造成枝条枯死。土壤中 pH 5～7 时，硼的含量最高，偏碱或石灰过多的土壤，硼被固定，不能有效利用，土壤过干，硼也不能被吸收利用。两种方法解决：一是通过土壤补硼，结合施有机肥，加入硼砂或硼酸，可根据树干直径决定硼的施用量，离地面30厘米处，侧主干直径10、20、30厘米的树，每株分别施100、150、200克，一般每隔3～5年施1次。二是树上喷硼，强盐碱土采用发芽前枝干喷1%～2%硼砂液，或分别在花前、花期、花后喷0.2%～0.3%硼砂液，有利于提高坐果率。

②铁。叶绿素合成和保持所必需的元素，参与光合作用和酶的成分。铁在树体中不易移动，故桃缺铁表现在幼叶上，叶脉为绿色，叶肉失绿，严重时整叶白化。一般树冠外围、上部新梢顶叶发病严重。在盐碱地或钙质土中，含磷高的桃园，缺铁较为常见，低洼地、排水不良通气性差也会发生。黄叶病严重的桃园，

需补充可溶性铁，用硫酸亚铁 1 份和有机肥 5 份混合施，每亩 2.5～5 千克，或叶面喷荷兰生产的叶绿灵或德国生产的绿得快，也可以将食用醋浸泡硫酸亚铁施入。

③锌。参与生长素、核酸和蛋白质的合成，是某些酶的组成成分。缺锌表现小叶，又叫小叶病，顶端叶片挤在一起成簇状，一般桃树外围顶梢表现较明显，叶片细狭叶，叶缘略向上卷，叶肉出现不规则褪绿现象。沙性土、盐碱土、黏重土及重茬果园易发生缺锌症。防治方法：发芽前喷 3％～5％硫酸锌液，花后喷 0.2％硫酸锌液加 0.3％尿素，或冬施基肥成年树每株加 0.3～0.5 千克硫酸锌，翌年见效，持续 3～5 年。

④锰。形成叶绿素和维持叶绿素结构所必需的元素，也是许多酶的活化剂。叶子长到一定大小，才表现侧脉失绿，叶肉褪绿，严重时叶肉坏死，早期落叶。碱性土易表现缺锰症，强酸性土由于锰含量多，造成树体中毒，春季干旱易发生缺锰症，早春生长期叶面喷 0.3％硫酸锰液，每 7～10 天 1 次，连续两次收效明显，或每亩 2 千克硫酸锰混入有机肥中施用。

⑤铜。许多酶的组成部分，在光合作用中有重要作用，能促进维生素 A 的形成。桃缺铜，新梢顶枯，叶片出现斑驳和褪绿，树皮粗糙和木栓化，果实龟裂或流胶。通过增施有机肥进行缺铜纠正，或根据树龄每株施硫酸铜 0.5～2 千克，也可在萌芽前喷 0.1％硫酸铜液。

2. 肥料的种类和特点

（1）有机肥的种类和特点　有机肥主要作为桃树秋冬基肥使用，主要肥料包括土杂肥（牛、羊、猪、马、鸡、鸭等粪）、绿肥、作物秸秆、泥肥、饼肥等农家肥和商品有机肥。有机肥含大量有机质和腐殖质，具有活化土壤养分，改善土壤理化性质，促使土壤微生物活动，加速有机质分解，改善土壤团粒结构，促进桃树根系的生长，促进枝条均衡生长，提高果实品质，增强树体抗性等作用。有机质养分含量各异（表 5-3）。以饼肥肥效最高，有条件地区多施饼肥，对桃树生长发育，提高果品质量十分明显。

表5-3　农家肥的营养成分

单位：%

肥料名称	氮（N）	磷（P_2O_5）	钾（K_2O）	性质
猪粪	0.56	0.40	0.44	热性、劲大
猪尿	0.30	0.12	0.95	碱性
牛粪	0.32	0.25	0.15	冷性、腐烂慢
牛尿	0.50	0.03	0.65	碱性
马粪	0.55	0.30	0.24	热性、劲短
马尿	1.20	0.10	1.50	碱性
羊粪	0.65	0.50	0.25	分解快、养分
羊尿	1.40	0.03	2.10	碱性
鸡粪	1.63	1.54	0.85	迟效肥
鸭粪	1.10	1.40	0.62	迟效肥
鹅粪	0.55	0.50	0.95	迟效肥
蚕粪	2.2~3.5	0.5~0.75	2.4~3.4	迟效肥
大豆饼	7.00	1.32	2.13	含有机质多，肥效久
棉籽饼	3.41	1.63	0.97	性质同大豆饼（下同）
芝麻饼	5.80	3.00	1.30	
花生饼	6.32	1.17	1.34	
菜籽饼	4.60	2.48	1.40	

　　绿肥作为有机肥的一种，桃园间作绿肥也是一种解决有机肥的有效方法，绿肥作物主要是氮肥为主。桃园间作绿肥还需增施磷、钾等肥，防止比例失调。幼年桃园要以桃树为主，间作为辅，可以种植不影响桃树生长发育前提下的各种绿肥作物（紫云英、苜蓿、三叶草等）和西瓜、甜菜、叶菜类蔬菜等，切勿种高

秆作物。

（2）化肥的种类和特点　化学肥料又称无机肥料，常用的化肥有氮肥、磷肥、钾肥、复合肥、微量元素肥料等。具有养分含量高，成分单纯，肥料快而短，大多能溶于水，有酸、碱反应等特点，但化肥不含有机质，长期单一使用，破坏土壤团粒结构，造成土壤板结，应与有机肥结合使用，互相促进，取长补短，平衡供应，从而达到稳产、优质、高效的生产目的。

（3）微生物肥料　用微生物菌种再配上黄豆粉、红糖、骨粉、水等按比例发酵生产的无毒、无害、无污染的菌种肥料，能有效提高土壤营养供应水平，改善品质，是生产绿色食品的理想肥料，目前日本、韩国以及我国台湾地区已普遍应用。

3. **施肥技术**

（1）基肥

①时期。基肥是供给桃树生长发育所需的营养元素的基础肥料。施用时间一般在果实采收后至早春萌动前。宜早不宜迟，提倡秋施基肥，这时正是根系生长高峰，在施肥过程中造成伤根现象，也容易愈合，并可促进发新根，有利于有机质转化分解，对秋季保叶，提高花芽质量和翌年萌芽、开花、结果均有明显的促进作用。

②用量。根据品种、树龄、树势、产量、土质以及肥料质量综合考虑，决定基肥施用量，一般幼龄桃树的施肥量为成年桃树的10％～30％，4～5年生树为成年桃树的40％～50％，6～7年生树按成年盛果期的施肥料计算。早熟种基肥应占总施肥量的70％～80％，追肥1次即可，中晚熟种应占全年施肥量60％～70％，追肥应增加2～3次。生产上株产100千克桃，施有机肥100～150千克，也就是说最少"斤果斤肥"。浙江奉化桃区，成年桃园亩施鸭粪1 500～2 000千克，加有机复合肥100～120千克；北京果农的经验，每生产50千克果，施有机肥100～150千克有机肥。以上均可作为桃区施肥参考。

桃根系浅，其吸收根在地表 40 厘米以上，呼吸、吸收能力强。肥沃的黏土种植桃树，肥料应浅施。沙性瘠薄地，有机肥适当深施，追肥要浅施。幼树旺树控氮增磷钾肥，有利于树体健壮、早结果。成龄结果树产量高，需肥量大，以氮钾为主，配合磷肥，保证产量和品质。

③方法。有环状沟施、条施、穴施、全园撒施。环状沟施即在树冠外围开一环状沟，深 30～40 厘米，宽 30 厘米左右。条施在树冠东西或南北两侧开沟，长 100～120 厘米，每年变换位置。穴施在树冠下挖坑施，6～8 个小穴将肥料施入。撒施的方法在全园均匀地撒施后，需深翻 30 厘米左右，将肥料翻入土中。生产上采用环状及条施较多。

（2）追肥 又称补肥，追肥应占全年施肥量 20％～40％，看树、看品种、看肥力施用。

①花前肥。早熟种可免施，中晚熟种肥力充足也可免施，肥力不足，氮肥每株 0.25～0.5 千克。

②壮果肥。花后至硬核期前，一般在套袋后施入，早熟种可免施，中晚熟种株施复合肥 0.5～1 千克。

③膨大肥。早熟种在采前 30 天施入，早晚熟种也应在采前 20～30 天施入，控氮增磷钾肥，株施硫酸钾或氯化钾 0.5 千克加复合肥 0.5 千克，有条件改施腐熟菜饼，对改进品质效果更佳。

④采后肥。成龄桃园进入盛果期，大量果实采收，营养消耗多，急需补充肥料，加强保叶，促进同化作用，为翌年丰产打下物质基础，株施复合肥 0.5～1 千克，幼龄树可免施。

以上均为土施，目前生产上常采用叶面喷布的方法进行追肥，简称根外追肥，简单易行，用量少，见效快，一般在防治病虫害时结合喷布，常用浓度尿素 0.3％，磷酸二氢钾 0.2％～0.3％，硫酸钾 0.3％，柠檬酸铁 0.05％～0.1％。生产上也有许多生物肥、有机专用肥，如台湾利果美（海绿肥）、台湾花之神、天达 2116 均为 1 000 倍液，氨基酸复合微肥、美国神水均为 500 倍液，容易被树体吸收，无副作用，效果较好。

除传统追肥外，现代果园的追肥技术不断改良，主要有：一是管道施肥和喷药相结合，利用塑料管及铜管步入田间，将肥液及药液通过水池、管道，用加压泵把肥药压入管道中，喷施在桃树上。二是通过管道将液体肥药或农药输送到根部。

4. 注意事项

①有机肥和化肥结合使用，才能提高果品质量，单独用化肥引起土壤板结，品质下降。

②有机肥最好腐熟再施用，未腐熟的肥料需提前施入，不能碰到根部，否则引起烧根，重者导致桃树死亡，基肥应施在树冠外围下枝叶最多的地方，也是根系最多的地方。

③城市垃圾要慎用，垃圾肥成分复杂，必须清除金属、橡胶、塑料制品、砖瓦等。不得含重金属有害物质，需经无害化处理方可施用。

④根外追肥，必须严格按照浓度喷布，不能凭感觉，不能用药瓶盖配药，以免发生肥害、药害，夏季要求上午 9 时前，下午 4 时以后喷布，切忌中午喷布。

⑤掌握控氮增磷、钾肥，很多果农偏爱氮肥，造成枝叶旺长，结果少，尤其桃树发枝力强，容易旺长，要注意三要素与微量元素配合使用。

⑥桃树喜微酸性土，pH 4 以下易发生缺镁症，通过加石灰来调节，pH 7 以上海涂地区易发生缺锌、缺硼，应通过多施酸性肥及绿肥改土。

（二）土壤管理

1. 深翻、间作、中耕除草

（1）深翻　在冬季进行，这时处于休眠状况，对桃树生长影响不大，深翻可切断部分根系，增强土壤通气性，促进再生根，有利枝叶生长，扩大树冠，深翻配合有机肥使用，效果更佳。最好每年 1 次，深 30 厘米左右，靠近树干周围宜浅，由内向外逐步加深。

（2）套种　幼龄桃园空间可套种农作物，既可防草，又可增加肥力，还可以增加收益，一年四季均可套种，成年桃园如已封行，树冠密蔽，不宜套种，若稀植桃园也可套种。

（3）中耕除草　全园进行中耕除草，尤黏重土壤，灌水后，要及时松土，保蓄水分，防止裂缝。中耕宜浅，一般 5～10 厘米，最好用割草机割草，全年 2～3 次，杂草覆盖，减少水分蒸发，降低地表温度，又能增加土壤有机质，起到保水、保肥、防干旱的作用。

2. **生草覆盖**　桃园种草养禽（鸡、鸭、鹅），效益十分明显，选用绿肥生草时，必须选用具备耐阴、耐踩，并能安全越冬、越夏，生产量大、低矮、不缠绕、覆盖率高、病虫少、易管理的品种。适宜品种有：白三叶草，一年可割 2～3 次，是家禽的优质饲料；毛苕子，是沙地果园改土增肥的良种；紫花苜蓿，适合于幼龄桃园生草用。研究证明，果园生草养禽，既能增加收益，还可增加土壤肥力，改善土壤团粒结构，促进桃树生长发育。

不提倡桃园用除草剂，长期使用，土壤板结。使用不当，常引起桃树叶片失绿或发育不正常；引起小叶病，重者死亡，颗粒无收。

另外，幼龄桃园为促进生长，植株四周可覆盖作物秸秆和杂草，也可覆盖黑地膜，这样可减少水分蒸发，防止水土流失，增加有机质，有利于根系活动，促进树冠扩大，提早投产。

（三）灌水和排水

1. 灌水

（1）灌水时期　桃是耐旱、耐涝的树种，在整个生长期土壤含水量在40％～60％的范围内，有利于桃树的生长发育，当土壤含水量降至10％～15％时，枝条出现萎蔫现象。不同时期对水分要求不同，南方和北方又因气候差异需水要求也不同。

①萌芽期和开花期。土壤中需要充足的水分，可促进新梢生长，开花坐果正常，南方正是清明前后，雨水较多，不易灌水，应注意排水，而北方常遇春旱，需注意灌水。

②硬核期。桃对水分敏感，缺水或水分过多，均会引起落果，南方正值梅雨期，不需要灌水，而应做好排水，而北方遇干旱，需适当灌水。

③膨大期。正值桃膨大需水时期，中晚熟品种正遇南方干旱季，特别是7～8月高温干旱，这时应结合施肥灌水1～2次；而北方正遇雨季，应根据降水情况来决定灌水，一般应在10月下旬至11月中灌一次防冻水，确保越冬期的水分供应。

（2）灌水方法　应根据水源、地形、水利设施综合考虑。

①地面畦灌和漫灌。在地面修筑渠道和垄沟将水引入果园，这是一种古老的灌水方法，优点是灌水量大、保持时间长，但用水量大、耗电量大，只适宜在水源充足地方采用。

②喷灌。具有节水保土作用，比地面灌水节水30％～50％，沙地桃园可节水60％～70％，还能调节桃园小气候，避免低温干热时桃树的危害。还可以节省劳力，减少地面灌溉渠道，便于机械操作，但风大的地区不宜采用喷灌。

③滴灌。通过管道滴头直接将水送到桃树根部，既可减少灌水过程中水分蒸发，还可防治土壤板结，尤其建立密植园的大棚桃以及北方缺水地方更为需要，是一项节水、节能具有发展前景的技术措施。

2. 排水　桃树怕水，山地建园，必须按等高做好排水沟，平地在地下水位高或水稻地建园，必须按行开排水沟，要建成深沟高畦，将桃树种在高畦上，四周还需开排水沟，做到四面排水，防止根部积水。沙地桃园地面不平地方，也易积水，导致涝死，也要注意排水，每年雨季来临前，及时检查清理。

四、地上部管理

（一）整形修剪

1. 桃树的特性与整形修剪的关系

（1）喜光性强，干性弱　桃树中心枝弱，甚至消失，难以培养出中心领导干，枝叶密集，容易郁闭枯死，造成下部枝条光秃，结果部位外移，故选用开心形，使之充分受光，合理分布枝条。

（2）萌芽率高，发枝力强　桃年生长量最大，分枝量多，一年可分生 20 余个枝条，并能萌生二次枝、三次枝，成形快、结果早。因此，在冬季修剪基础上，还需夏季修剪，改善内部光照，控无效枝生长，促进有效枝尽快形成花芽，达到均衡树势，尽快投产。由于成枝力强，常表现上强下弱，结果部位外移，故对投产树采用弱枝领头、控上促下、主枝落头回缩、弯曲上升等方法，促进下部枝条生长。

（3）顶端优势弱，削尖度大　顶端优势不及苹果、梨，顶端剪口附近新梢发枝多，生长量大，容易培养结果枝，但骨干枝培养，由于枝多分散营养分配，明显削弱先端延长头的加粗生长，削尖度大，幼树整形时，要注意控制延长头附近的竞争枝，确保延长头健康生长。

（4）耐剪，伤口愈合差　桃树对修剪较敏感，动剪就抽枝，徒长枝容易发生，大枝修剪伤口难愈合，故需加强夏季修剪，减少冬剪动大刀。剪大枝时还需注意修剪要剪平，不留桩，避免发生流胶病。

（5）桃树顶芽是叶芽　短果枝及花束状枝只有顶芽是叶芽，其余均是花芽，修剪时，对这类枝只能疏散，不能短剪，否则造成无叶果枝，不能形成商品果。

2. 整形技术

（1）三主枝开心形 露地桃园常用的树形。苗木定植后，距地面40～50厘米处，剪截定干，定口下20厘米范围是整形带，保留7～8个芽，整形带以下部分抹掉，待新梢长到30厘米左右，选长势均衡、方位适当、上下错落排列的3个枝条，作为主枝培养，最好第一主枝朝北，第二主枝朝西南，第三主枝朝东南，切忌第一主枝朝南，以免影响光照，如是上坡地，第一主枝选坡下方，第二主枝在坡上方，这样管理方便、光照好，其余枝条长势过旺疏除，长势较弱，用摘心和扭梢控制，增加全树的叶面积，促进主枝生长，待主枝长到60厘米以上，可以去除多余的新梢，确保三大主枝生长。冬季修剪主枝延长头剪去1/3或1/4左右，掌握"强枝重剪，弱枝轻剪""强枝重拉，弱枝轻拉或不动"，确保三大主枝平衡生长，主枝基角45°～60°。肥水条件好的桃园，当年冬季可培养第一侧枝，开张角度60°～70°，不要选背后枝培养，第二年继续培养侧枝，每主枝培养两个侧枝，第一侧枝离主干50～60厘米，在其对面培养第二侧枝，两侧枝相距30～50厘米，各级主枝和侧枝上培养大、中、小结果枝组，侧枝冬剪长度应比主枝短，为30～50厘米，侧枝排列应相互错开，有利于通风透光，见图5-1。

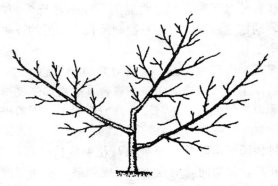

图5-1 桃树三主枝开心形

（2）**二主枝开心形**　又称"丫"字形或侧"人"字形，该形应以南北行向为宜，密植园大棚种植定干高度 30～40 厘米，露地稀植园定干高度 40～50 厘米，剪口芽选留东西两侧的两个芽，培养为主枝，第一主枝朝东，第二主枝朝西，主枝基角 45°～50°，角度过大，结果后，骨架欠粗壮，易压弯。其余副梢、粗壮的枝剪除、细弱枝通过扭枝，保留作辅养枝。两主枝长到 50 厘米左右，将其余副梢全部剪除，每株插两个小竹竿，将主枝绑在竹竿上，使其往主竿延伸。冬季修剪时，掌握强枝重剪，弱枝轻剪，根据长势强弱，轻剪 60～80 厘米，每主枝培养 2～3 个枝组，间距 60～70 厘米，夏季修剪将背上直立枝疏除，不培养背上大型枝组，可选留中小型枝组，防止内膛日灼病。密植园直接在主枝上培养结果枝，采用长梢修剪方法，见图 5-2。

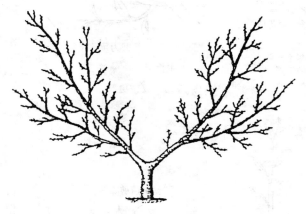

图 5-2　桃树二主枝开心形

3. 修剪技术

（1）**冬季修剪**　又称休眠期修剪，有以下几种方法：

①短截。就是把枝条剪短。短截的作用，降低发枝部位，多用于骨干枝、延长枝等。方法有两种，一是双枝更新，在母枝上选留两个相近的枝，上枝轻剪，让其结果，下枝短截，抽生新梢，

作为第二年结果枝。二是单枝更新,健壮长果枝重短截,抽生的新梢,作为第二年结果枝,在同一枝条上采取长出来,剪回去,如此反复,维持结果。见图5-3至图5-5。

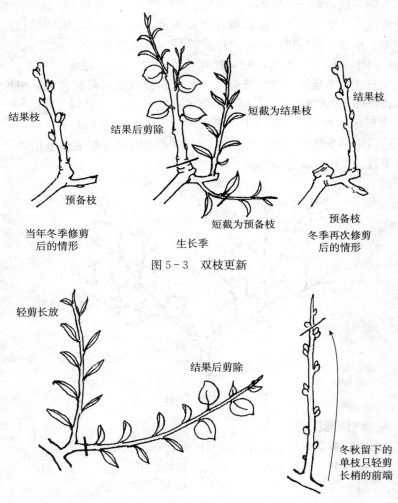

图5-3　双枝更新

图5-4　单枝更新

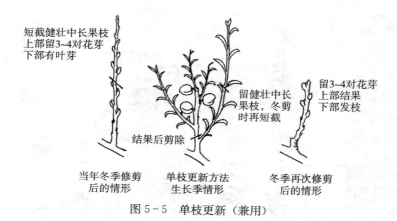

图 5-5　单枝更新（兼用）

　　②疏枝。就是把密生枝条从基部剪掉。主要是促使枝条分布均匀，通风透光。一般疏除过密枝、重叠枝、细弱枝、交叉枝、竞争枝及病虫枝。

　　③长放。就是枝条任放不剪。对结果枝或徒长性结果枝长留，有缓和枝条生长势的作用，在幼树、旺树上应用较多。

　　④回缩。在多年生枝的分枝处将前面部分枝条剪掉，称为回缩，又叫缩剪。多用于培养结果枝组，控制树冠高度和树体大小，改变延长枝的延伸方向和角度，降低结果部位，改善内部通风透光。

　　（2）夏季修剪　　又称生长期修剪，是指萌芽到落叶前的一次辅助性修剪。能调节生长与结果的矛盾，缓和树势，控制树形，改善内部通风透光，促进花芽形成，提高果品质量。

　　①复剪、抹芽。冬季修剪密留的幼树、旺树或开花结果后枝条过密、着果过多的枝，进行复剪，主要剪除细弱的结果枝、病虫枝、枯枝、内膛徒长枝。

　　抹芽是指桃树发芽后，注意抹掉背上的徒长芽，延长枝剪口下的竞争芽及并生芽，基部抽生的萌蘖，见图 5-6。

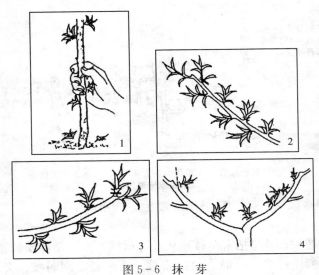

图 5-6 抹 芽
1. 表示下部芽抽生的小枝全部抹除　2. 抹除右上部背生小枝
3. 抹除左上部小枝　4. 抹除最上部枝背上芽

　②摘心。就是将枝条顶端的嫩梢摘除。旺梢重摘心，可培养结果枝组，中梢摘心有利于下部芽的发育。一般在新梢生长 10 节时进行，摘心时间多在 5 月，见图 5-7。

图 5-7　摘心与剪梢结合，培育成枝组

③扭梢。就是把直立的徒长枝和旺枝扭转成所需要的结果枝。新梢长到15厘米左右，尚未木质化时扭枝，效果最好，南方地区在5月进行，最迟到6月上旬。必须扭成90°，防止被扭新梢重新翘起，达不到扭枝目的。有的新梢被扭后，又重新冒出新梢，可再进行一次扭梢，控制生长，见图5-8。

图5-8 扭 梢

1. 第一年 2. 第二年

④拿枝。在枝条中上部进行揉捏的一种方法。操作时用双手自基部向上逐步挪动，按一定角度和方法揉扭，伤其木质部而不会折断。主要控制徒长枝、强旺枝的生长，通过此法处理，可以培养大侧枝或结果枝组，9～10月进行较好。

⑤拉枝。拉枝幼树、旺树缓和树势，提早结果，防止下部光秃的一种方法。拉枝角度要适当，不可拉成水平或下垂状况，拉在枝条中部为宜，可以将角度拉开，掌握在树液流动旺盛枝条较软的时期拉枝，枝条不会折断，6～7月进行效果最好。二年生

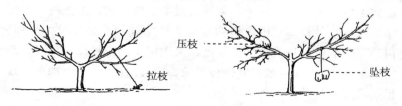

图5-9 拉枝、压枝、坠枝

以上大枝以 5～6 月拉枝为宜，最好用布条拉枝，不会割伤枝条，见图 5－9。

（3）改良型长枝修剪 美国、德国、日本相继用长枝修剪做过试验，并在生产上应用。我国李绍华先生针对传统修剪方法的利弊，而提出了改良长枝修剪技术，就是不短剪，以疏枝、长放、回缩的形式进行冬季修剪。这种修剪技术具有操作简单，节省修剪用工 1～3 倍，缓和树体枝梢生长势，易于维持营养生长和生殖生长的平衡，枝条更新容易，不易光秃，冠内光照好，促进花芽形成，促进早结果和品质提高的优点。目前已得到广泛应用，并取得良好的效果。

①骨干枝的培养选留。主要用于三主枝开心形和两主枝开心形。原则上每主枝留 6～8 个中小型枝组，分布左右两侧，不留背上枝和背下枝，同侧枝间距 80 厘米以上。幼树主枝角度控制在 40°～45°，进入结果期后，由于果实重量的增加，主枝角度加大，控制在 50°～60°。

②幼树修剪。定植 1～2 年生幼树，以三大主枝开心形为例，主枝确定后，当主枝上新梢长到 15 厘米左右进行摘心，20～30天再摘心，疏除背上旺梢，树冠内膛过密的新梢也应疏除，既改善内部通风透光，又促进保留枝的生长发育。

冬季修剪延长头，采用带小桩延长技术，小桩保留 10～15厘米，其他枝甩放，过密枝疏除，每 15～20 厘米留一个长果枝，总之旺树轻剪多留枝，弱树重剪少留枝。

③成龄树修剪。延长头处理取决于树体生长势，旺树延长头甩放不剪，疏除部分副梢，采取去强留弱的方法，去强枝留中庸结果枝、水平枝。对中庸树的延长头压缩到健壮副梢处。弱树、树势开张的树延长头须抬高角度，采用留小桩延长修剪技术，小桩保留长 10～15 厘米，其他枝甩放，密枝疏除 1～2 年即可实现抬高角度的目的。

果枝修剪的长放、疏枝、回缩为主，基本不短截，若下部枝条衰弱，可采用短截，增强下部枝的生长势。骨架枝上每15～20厘米保留一个长果枝，同侧枝间距离30～40厘米。以长果枝结果的品种主要保留30～60厘米的长果枝，低于30厘米的长果枝都疏除。中短果枝结果的品种保留小于30厘米的枝条结果，40厘米的枝条作更新枝用，过强过弱的果枝不保留。

结果枝组的更新有两种方法，一是利用一年生甩放枝基部发出的新枝作为更新枝，如果基部没有理想的枝更新，就选用甩放枝短截更新。二是利用骨干枝发出的新枝更新，替代已结果的枝组。

加强夏季修剪，采用去伞、开窗、疏密的方法进行修剪。去伞就是去除骨干枝内膛直立徒长枝；开窗就是去除骨干枝上过密的结果枝组；疏密就是疏除过密的新梢，对内膛多年生枝上长出的新梢进行摘心，实现内膛枝组的更新复壮。

④注意事项。加强疏花疏果，控制留果量，中小果型品种每15～20厘米留1果，大果型品种每25～30厘米留1果。要达到优质果，需做好疏花作业，长果枝基部5～10厘米花蕾以及朝天花蕾疏除。加强肥水条件，大肥大水，达不到此要求不宜采用此法。

新建幼树可用此法，原有果园也可通过长枝修剪进行改造，尤其是生长旺树和黄桃树。为尽快投产栽植密度要加大，株行距4米×5米、5米×5米、6米×6米可用此法，幼树1～2年所结果实全部疏除，确保树冠扩大，为来年投产打下基础。

（4）不同树龄树的修剪

①幼龄树（1～3年生）修剪。主要任务是整形，扩大树冠，缓和树势，有计划地培养枝组，为丰产打下基础。应掌握因树做形、先乱后理、轻剪长放、扩大树冠的原则。选好主枝、侧枝，调整好主枝角度，配好结果枝，加强夏季修剪，控制内膛徒长枝，迅速扩大树冠。

②成龄树（四年生进入结果期至15年生）修剪。进入结果期，产量逐步提高，梢果矛盾突出，此时期主要任务是调节生长和结果的关系，前期扩大树冠，后期控制树冠。修剪上应掌握大

枝少而精，从属应分明，长放加短截，延缓经济寿命、多结果的原则，骨干枝随着树龄增加，进入盛果期6～7年生树，要及时回缩更新或弯曲上升，防止下部枝条枯死，注意结果枝组的更新培养，在结果的同时要留有一定的更新枝。

③衰老树修剪。桃树生长15年以后进入衰老期，其特点是骨干枝、延长枝生长量不足20～30厘米，花束状结果短枝、短果枝大量形成，中长果枝少，下部易光秃。采取骨干枝重回缩，利用徒长枝培养成骨干枝，重新扩大树冠，也可利用徒长枝培养结果枝组，增加结果量。

（二）花果管理

花果管理也是优质、稳产重要措施，管理好坏直接影响商品果的价值。

1. **人工授粉**　桃开花期的适宜温度是12～14℃。气温高且稳定，开花就快；气温低，则变幅大。低温阴雨、干热风和风沙，对桃树开花均有影响。一般在10～28℃范围内，温度越高，授粉受精效果最好。桃是自花授粉树种，大多数品种是完全花，花的中央是雌蕊，四周有许多雄蕊，会有一定花粉，借助昆虫传粉均可结果。但有少数品种雄蕊退化，没有花粉或花粉很少，如砂子早生、锦香黄桃等，这类品种必须进行人工授粉。

（1）采集花粉　采集含苞待放的花蕾，取下花药，铺在干净的纸上或盘中，置于20～25℃的白炽灯下或温箱内，烘出花粉，不需过筛，收集在干净瓶中，放干燥片密封，一周内可保持良好的发芽能力。

（2）授粉时间、方法　早晨露水干时，即可授粉，最好是上午9时至下午4时，取1份花粉加2～4份滑石粉或淀粉混合，当桃花有1/3开放就可授粉，现用授粉枪或授粉器代替传统的毛笔或橡皮头点花，速度快，人工省，由上到下，由内到外逐株授粉，长果枝点授4～5朵，中果枝2～3朵，短果枝1～2朵，全树进行 2~3 次，大面积桃园可用液体喷雾，粗花粉 50 克、蔗糖 500 克、硼砂 20 克、水 20 千克混合于盛花期喷布。

花期放蜜蜂传粉，每 5 亩放 1 箱蜂，效果很好，蜜蜂活动受气候影响，14℃以下不能活动，21℃活动最佳，风大或降雨也会影响蜜蜂活动。

2. 疏花疏果 疏花时间一般在初花期进行，这时优劣花容易区分，花已肥大，操作方便。疏除对象是畸形花、双花、小型花、朝天花、无叶花、过密花，要求留枝条中上部花，疏除全树花量 1/4 左右，但目前生产上应用不多，一是用工多，二是担心坐果不稳，故常采用疏果方法。

疏果最好进行两次，第一次花后 15 天左右，大小果已分明时，疏除小果、畸形果、双果、朝天果、密生果及病虫果；第二次定果在生理落果后，硬核期前，花后 4~6 周进行，杭州在 5 月上中旬为宜，早熟、坐果率高的品种及大果型品种要早疏，就一个长果枝而言，疏除基部和顶部果，留中部果。

留果标准，因品种、树势而异，生产上采用长果枝留 3 果，中果枝留 2 果，短果枝留 1 个或不留果。另外，也可按间距留果，长果枝及徒长性结果枝 15 厘米留 1 果，中果枝留 1 果，短果枝看全树留量决定留 1 果或不留果。疏果要与夏季修剪相结合，适当疏除过密过多的枝条，以果压树，缓和树势。

3. 套袋技术 套袋可防治病虫危害，减少农药残留，改善果实外观，防止裂果、日灼、冰雹以及鸟兽危害，提高果实商品价值。6 月以前成熟的早熟桃可以不套袋，而中晚熟品种，病虫害、鸟害难以控制，必须要套袋，目前均采用专用袋，改变过去用报纸袋的习惯，果实更加光洁美观、品质明显提高，食用更加安全。

套袋前全园必须进行防病治虫，喷药必须周到仔细，重点喷果实，喷后立即套袋，若雨天还需补喷再套袋。红彩多的品种套黄色袋，红彩少的品种套白色袋，以利于光照着色。

套袋时需将纸袋膨起，要套灯笼袋，袋口扎在果枝上，用订书机扎袋口，省工省时，还可防大风吹落纸袋。套袋需掌握方法，先套上部，后套下部，先套内膛，后套外部，这样操作方便，防止漏套和纸袋掉落。1个果实套1袋，不可2果套1袋。

套袋后光照减弱，风味变淡，果实中钙含量减少，因此必须加强肥水管理，有条件的地区施用饼肥，同时在膨大期还需追肥，要加强控氮增磷钾肥，叶面施用微量元素，均有提高果品质量的作用。

（三）病虫防治

1. 正确防治病虫害

（1）使用选择性杀虫剂保护天敌　农药是防治桃病虫害的必要措施，对天敌杀伤轻重不一，要选择高效、低毒农药及生物源农药，而化学农药对天敌杀伤有较大差异。试验证明，灭幼脲3号对金纹细蛾、多胚跳小蜂，吡虫啉对瓢虫、草蛉等较安全。另外，改进喷药方式，减少喷药次数，抓住关键时期集中防治多种害虫，也能保护天敌。

（2）掌握"预防为主，综合防治"的方针，防治病虫害

①严格控制检疫对象、苗木、接穗等，引入都需进行检疫。

②通过农事活动控制病虫害发生，如冬季修剪、清园、大树涂白等消灭越冬病虫，果园覆草、多施有机肥优化土壤，促进微生物活动，加速有机质分解等。

③物理防治，如灯光诱杀、糖醋诱杀、性引诱杀、粘虫板诱杀、人工捕杀等，均有一定效果。

（3）要克服目前生产上在农药使用中出现的问题

①重视化学防治，忽视综合防治，造成大量天敌死亡，农药使用过多过重，造成抗药性，防病治虫效果降低。

②不重视预防，等到病虫严重才用药，效果不好，甚至盲目用药，不了解农药性质，病虫发生规律，反而引起药害，由于桃树对铜离子敏感，在桃树上喷布极易造成药害，许多地方时有发生。

③缺乏病虫防治的基本知识，随意加大农药浓度，不看说明书，不用量钵配药，喜欢用瓶盖，凭感觉配药，往往造成药害、减产。

（4）掌握正确的防治病虫方法，有的放矢防病治虫

①每年必须在萌芽前喷 5 波美度石硫合剂，杀灭越冬病虫害，这是防治所有桃树病虫害的关键措施。

②必须几种药轮换使用，不要长期使用同一种农药，造成抗药性，甚至导致毁灭性病害发生，如浙江省奉化桃产地曾发生长期使用单一甲基硫菌灵，由于抗药性造成炭疽病发生，后来改进加强了先进农药轮换使用，取得良好的效果。

③病虫防治要掌握天气情况，必须做到"五不喷"，即刮大风、下雨、雨前、有露水、烈日下均不喷药。

④喷药要掌握方法。喷药要仔细周到，不要漏喷，尤其是叶背面不要遗漏。

⑤购买正规工厂农药，必须做到"三查"：查厂址、查生产日期、有效期，不要盲目购买，贪图便宜，必须识别农药真假，以免上当受骗。

⑥注意用药安全。要穿长衣，戴口罩、防风镜、草帽，操作时不吸烟、不吃食物，确保安全施用农药。同时，还需了解酸性和碱性农药，常用农药的名称，防止重复使用同一品种商品名称（如吡虫啉又叫一遍净、蚜虱净、大功臣等等），以免造成经济损失和树体损伤。

2. 主要病害

（1）细菌性穿孔病　由细菌侵染引起。主要危害叶片，也侵染枝梢和果实。叶片受害，病斑呈近圆形或不规则圆形穿孔，故称穿孔病，严重时几个病斑相连，形成焦枯状大斑，造成叶片干枯，早期落叶，因此该病又称早期落叶病。枝条发病，春季枝条上有溃疡斑，严重时呈枯梢。果实被害初期为暗褐色稍凹陷的斑块，遇潮湿气温，产生黄色黏液，干时病斑发生裂纹。6～8 月是盛发期。

防治方法：展叶后喷 65％代森锌 500 倍液或 70％代森锰锌 800 倍液。落花后喷 72％农用链霉素 3 000 倍液，或硫酸链霉素 4 000 倍液，或 50％福美双（赛欧散、秋兰姆）800 倍液，或 80％敌菌丹（大富丹）800～1 000 倍液，或 25％联苯三唑醇（双苯三唑醇、灭菌醇、百科）1 000～1 500 倍液，每 15 天 1 次，连续 2 次。

(2) 褐腐病 又称菌核病、灰腐病。真菌侵染引起。主要危害果实，也危害花、叶和新梢。果实初期呈浅褐色斑点，几天后逐步扩大，果实软腐，生出黑褐色绒状霉层，呈同心轮纹状排列，严重时干缩成僵果，挂在树上经久不落，从幼果到成熟果均会受害。越近成熟受害越重。花器受害先侵染柱头，渐扩至花萼、花瓣及花柄。嫩叶受害，从边缘发生水渍状病斑，叶片萎缩，如遭受霜害。枝梢受害出现长圆形溃疡斑，环绕枝条一周，雨季有流胶，生出灰色霉层。

防治方法：花后结合其他病害，可喷 70％甲基硫菌 800～1 000 倍液或 50％代森胺 1 000 倍液，也可在花前、花后喷 50％速克灵 2 000 倍液，不套袋果间隔 15 天再喷 1 次，采收前 30 天喷 50％异菌脲（扑海因）1 000～1 500 倍液。目前效果较好的是美国生产的腈苯唑（应得），在发病前后喷 2 500～3 000 倍液。

(3) 疮痂病 又名黑星病，由真菌引起侵染。主要危害果实，也危害枝叶，果实发病多在果底部先出现绿色小圆斑点，果面粗糙，近成熟时，病斑变成紫黑色，果面常发生龟裂，在油桃上最易染病。枝梢发病，病斑为暗绿色隆起，常流胶。叶片发病初为不规则灰绿色病斑，渐成紫红色，逐渐枯死，形成穿孔。

防治方法：落花后至 7 月喷 10％苯醚甲环唑（世高）2 000～2 500 倍液，或 70％甲基硫菌灵 800～1 000 倍液，或 70％代森锰锌 800～1 000 倍液，或 40％氟硅唑（福星）8 000～10 000 倍液，均有效。

（4）缩叶病　由真菌侵染引起。主要危害叶片，也危害嫩梢、花果。受害嫩叶卷曲变形，呈红色，随着叶片增大，局部肥大皱缩，春末初夏，叶表面生出一层灰白色粉状物，即病菌子囊层，最后干枯脱落。嫩梢受害节间缩短，略为粗肿。花受害多半肥大脱落。幼果受害呈红色，变畸形果，表面常龟裂，一般 4～5 月盛发期。

防治方法：每年花芽露红喷 3 波美度石硫合剂或 45％晶体石硫合剂 100 倍液，可有效控制。若已发病，及时摘除病叶带走，再喷 65％福美锌 800 倍液或 80％敌菌丹（大富丹）800～1 000 倍液。

（5）炭疽病　由真菌侵染引起。主要危害果实，也危害叶片和新梢。幼果已染病，呈暗褐色水渍状凹陷病斑，病果腐烂，很快脱落或萎缩，形成僵果挂在树上，近成熟果发病，病斑呈红褐色凹陷，生出橘红色小点为分生孢子，呈同心轮纹状排列，最后导致腐烂脱落。新梢发病呈褐色圆点稍凹陷，病梢常向一侧弯，病叶萎缩下垂，向正面卷成筒状。南方 4～5 月、北方 6～7 月大量发生，尤江苏、浙江、上海一带，多雨潮湿年份发病严重，损失更大。

防治方法：谢花后至 5 月喷 80％炭疽福美 800 倍液，或 70％甲基硫菌灵 800～1 000 倍液，或 50％克菌丹（开普顿）400～500 倍液，或 30％绿得保 400～500 倍液，或 80％敌菌丹 800～1 000 倍液，几种农药交替使用。

（6）流胶病　主要危害主干、主枝、严重时小枝也受害。尤其南方高温多湿发病严重，5～6 月，8～9 月为发病高峰。桃树流胶病病因复杂，主要可分为两类，一类是树体生理失调引起的生理性流胶，一类是由真菌侵染引起的真菌性流胶病。桃树其他枝干病害、虫伤、冻害等也会导致流胶，栽植过深、修剪过重、土质黏重、水分失调等会加重该病的发生。

防治方法：

①大伤口锯后涂抹保护剂、防水漆，如腐殖酸铜（843康复剂），刮除病斑再涂抹药剂。

②落叶后树干涂白，防日灼、冻害兼杀菌治虫。涂白剂为大豆汁、食盐、生石灰、水＝1∶5∶25∶70，先将生石灰化开，再加大豆汁、食盐，搅拌成糊状，严重者加石硫合剂原液2千克或硫黄粉1千克，废机油或食油0.2千克。也可将流胶刮去，用3～4度波美石硫合剂加猪油熬制成糊状，涂抹病斑均有良好效果。

（7）根癌病　又称冠瘿病、根头癌肿病，由细菌侵染引起。寄主广泛。主要危害根颈部。根部受害，形成大小不一的根癌，小的如豌豆，大的如拳头甚至更大，通常为球形或不正球形，表面粗糙凹凸不平，造成水分、养分受阻，树势日衰、叶黄，严重时干枯死亡。一般盐碱地、黏重地、排水不良地发病严重。

防治方法：

①避免重茬，种过桃树或育苗地忌重茬。

②苗木消毒，用根癌灵（k84）30～50倍液浸根5分钟，或用3％次氯酸钠液浸根3分钟，或用1％硫酸铜液浸5分钟后再放到2％石灰水浸2分钟，以上3种方法也可用于桃核处理。

③病瘤处理。切除癌瘤集中烧毁，用100倍硫酸铜液，或50倍402抗菌剂液，或10％农用链霉素100倍液，或10波美度石硫合剂消毒伤口，外加凡士林保护。也可用30倍根癌灵浇灌。

（8）腐烂病　由真菌引起。主要危害主干和大枝，导致树皮腐烂，严重时大枝和整株死亡。发病部位、树皮变褐色，病斑边缘稍凹陷，有酒糟怪味发生，发生与扩展多在深秋或早春。

防治方法：

①培养壮树，增加树体抗病力。

②落叶后主干涂白，防治冻害及病害。

③发现病斑，及时刮除用5％菌毒清10倍液或843康复剂原液或腐必清原液（或乳剂2倍液）涂抹病斑。

④也可在早春检查刮除后，用 70％甲基硫菌灵 1 份加植物油 2.5 份混合均匀涂病斑，1 周后再补涂 1 次。

（9）白粉病　由真菌引起侵染。发病初期叶片出现浅黄色斑点，后变鲜黄色，病斑表面先隆起，形成浅褐色粉状夏孢子堆，后期形成白色粉末状冬孢子堆，严重时，病叶脱落。果实幼果易感病，病斑圆形，密集白色粉状物，形成畸形果。一般年份小苗发生较多，大树发病较少，危害较轻。

防治方法：发病初期喷 20％粉锈宁（三唑酮）3 000 倍液，或 70％甲基硫菌灵 800 倍液，或 12.5％特普唑（速保利、烯唑醇）2 000～3 000 倍液，均有效果。

3. 主要虫害

（1）蚜虫　分布十分广泛，有 3 种蚜虫（即桃蚜、粉蚜、瘤蚜）危害桃树。桃蚜繁殖很快，华北地区一年可发生 10 余代，长江流域一年发生 20～30 代。桃蚜以卵寄生在腋芽、树裂缝、小枝杈处越冬，当花芽膨大露红时，开始孵化，展叶后，从芽上危害转移到叶背危害，被害叶卷曲，影响枝梢和果实生长，5 月下旬产生有翅蚜转移到蔬菜危害，10 月产生有性蚜迁回桃树越冬。粉蚜 3 月中下旬产生孤雌胎生蚜虫，5 月上中旬虫口最多。瘤蚜在 6～7 月危害最严重。

防治方法：开花前后喷 20％氰戊菊脂（速灭杀丁）2 000 倍液，或 2.5％溴氰菊脂（敌杀死）2 000～3 000 倍液，或 10％吡虫啉（一遍净、大功臣）3 000 倍液，或 90％杜邦万灵 3 000 倍液。

（2）梨小食心虫　又称梨小、东方果蛀、桃折心虫，俗称蛀虫。一年发生 4～5 代，以老熟幼虫在树翘下作茧越冬，少数在土中越冬。一般在 3 月化蛹，4 月上旬成虫羽化，5 月中旬至 6 月中下旬发生第一、第二代幼虫，危害桃树新梢顶部，3 天后被害梢萎蔫，1 头幼虫可连续危害 2～3 个嫩梢，被害梢枯黄，流出胶水。7 月下旬危害桃果，故晚熟桃应加强防治，第三代以后主要危害桃、梨果实。在降雨多的年份发生严重,干旱年份则轻。

防治方法:

①冬春刮除老粗皮,消灭越冬幼虫,夏季及时剪去嫩梢并烧毁。

②成虫发生期糖醋液诱杀(红糖5份、醋20份、水80份),每30米放1盆,也可用电动频振灯诱杀。

③幼虫出土前树冠下施入20%辛硫磷300倍液或40.7%乐斯本500倍液。

④少量发生,及时喷施50%马拉松500倍液,或30%桃小灵2 000倍液,或20%杀灭菊酯2 000~3 000倍液,交替使用,均有效果。

(3)桃蛀螟 又称食心虫、蛀心虫、钻心虫、桃实虫、桃斑螟等。一年发生4~5代,老熟幼虫在树皮裂缝、玉米秆等处越冬,翌年5月(麦收前20天)化为成虫交尾,喜在桃果上产卵,1果上产1~3粒,多达20粒,经1周孵化为幼虫,从桃果柄基部蛀入,蛀孔外有大量透明胶质与虫粪黏合,附着在果面上,幼虫集中危害15~20天,老熟羽化为第一代成虫(6月下旬至7月上旬),第二代幼虫主要危害晚熟桃,夜间活动。

防治方法:

①冬季及时处理向日葵、玉米秆,涂白消灭越冬虫源。

②药剂防治与梨小食心虫相同,杭州地区掌握在5月10日前后喷药。

③利用黑光灯、糖醋液诱杀成虫。

(4)潜叶蛾 一年发生5~7代,幼虫在枝干皮缝和落叶杂草中结茧,以蛹越冬,5月羽化为成虫,展叶后产卵于叶背面,幼虫孵化后在叶肉内取食,造成弯曲蛀道,老熟幼虫从表皮钻出,在叶背面结成白色茧化蛹。严重时叶片枯萎,引起早期落叶,5月上中旬为第一代成虫,每月1代,最后一代11月上旬,危害高峰期7~8月。

防治方法：喷药应掌握在成虫发生期和幼虫孵化时，可喷灭幼脲 3 号 2 000 倍液，或 20％杀铃脲 8 000 倍液，或 2.5％溴氰菊酯 2 000～3 000 倍液。

（5）山楂叶螨　又称山楂红蜘蛛、樱桃叶螨、樱桃红蜘蛛。一年发生 5～6 代，雌成虫在树皮缝、落叶下杂草根际、土石缝隙越冬。芽膨大时开始出蛰，展叶时上树危害，吸食叶片汁液，最初发现失绿小斑点，随后扩大成片，严重时整叶枯死。6～8 月繁殖最快，9～10 月产生越冬成虫。

防治方法：

①深翻改土，消灭越冬成虫。

②落花后 1 周可喷 20％螨死净 2 500 倍液，或 5％尼索朗 2 000 倍液，或 40％水胺硫磷 2 000 倍液。内膛有轻度危害，及时喷 20％哒螨灵 2 000 倍液，或 25％三唑锡（倍乐霸）1 000～1 500 倍液，或 1.8％阿维菌素 5 000 倍液，或 10％浏阳霉素 1 000 倍液均有效果。杭州地区在 5 月 10 日前后施用 1 次药，防治虫害高峰期来临。

（6）红颈天牛　又称赤颈天牛、水牛、铁炮虫。2～3 年发生 1 代，幼虫在枝干皮层下，或木质部蛀道内越冬。开春以后，幼虫蛀入主干皮层，进而蛀入木质部，形成不规则隧道，并向蛀口外排出大量虫粪和木屑。枝干危害易引起流胶，生长衰弱，严重时，全树死亡。6～7 月出现成虫，午间多静息在树干上，交尾后，雌成虫产卵在主枝基部及裂缝，孵化出幼虫就在皮层下蛀食危害。

防治方法：

①6～7 月成虫发生期，用糖醋液诱杀，也可人工捕杀，发现新鲜虫粪、木屑，可用细铅丝刺杀幼虫，再用敌百虫 100 倍液注入或用棉球蘸药塞入虫口内，用泥土堵虫孔。

②树干涂白，既可防治成虫产卵，又可防病治虫。

③成虫发生期或幼虫孵化期，在 1.5 米以下枝干上选喷 2.5％溴氰菊酯 2 000 倍液、90％敌百虫 1 000 倍液或 2.5％功夫

2 500 倍液。1 周重复 1 次，效果显著。

(7) 桃介壳虫　又名桑白蚧、桑介壳虫、桑盾蚧。一年发生 3 代，受精雌成虫在枝上越冬，桃芽萌动，雌成虫和若虫群集在枝条上吸食养分，严重时，介壳虫密集重叠，引起枝条基部凹凸不平，被虫体覆盖呈灰白色，导致枝条死亡，严重者全树死亡。一般在 5 月产卵，若虫发生期分别在 5 月中下旬或 7～8 月，以第一、第二代危害较严重。

防治方法：

①保护好天敌，利用瓢虫杀死介壳虫。

②人工防治。用硬毛刷或细铜丝刷清除枝干上虫体，结合冬季修剪，剪除被害枝，再涂白。

③抓住孵化期，若虫分散转移，尚未分泌蜡粉前一周，可喷 50％马拉硫磷或杀螟松 1 000 倍液，或 2.5％敌杀死 3 000 倍液，或 40.7％毒死蜱 1 000～1 500 倍液，或 25％噻嗪酮 1 500～2 000 倍液。

(8) 金龟子　金龟子品种繁多，南方以铜绿金龟子危害桃树较多。一年发生 1 代，成虫在土中越冬，4 月成虫出土，4 月下旬至 6 月进入盛发期，5～7 月产卵，8 月幼虫（又称蛴螬、白地蚕）危害根部。成虫多在春末夏初温度高时，傍晚活动，危害桃树的叶片、嫩芽，出土早者危害花蕾、开放的桃花，尤其喜食有伤斑的果实，造成果实腐烂脱落，严重者造成全树死亡。

防治方法：

①人工捕杀，早晚振树，使成虫落在树下集中消灭。

②开花前后，树冠下用 5％辛硫磷颗粒撒施或 5％辛硫磷 300 倍液喷布，并及时浅耙或在树穴下喷 48％毒死蜱 300～500 倍液。

③利用成虫趋光性，挂糖醋液，每亩挂 2 个，还可防红颈天牛及蝶类，也可挂电动振频灯诱杀成虫，效果明显。

(9) 一点叶蝉　又称响虫、桃小绿叶蝉、桃浮尘子。萌芽产卵于叶脉组织中，成虫若中群集在叶背吸食汁液，使叶片出现失绿白斑点，引起早期落叶。成虫出现第一代在 6 月上旬至 7 月上旬，以后每月 1 代，以第三、四代（8 月下旬至 10 月上旬）危害最严重。

防治方法：

抓住 3 月、5 月中下旬、7 月 3 个时期防治，可喷 50％马拉松 1 500 倍液，或 48％毒死蜱 1 000～1 500 倍液，或 10％吡虫啉 3 000～4 000 倍液，或 20％杀灭菊酯 2 000～3 000 倍液，交替使用，效果均好。

（10）刺蛾 又称毛辣虫、洋辣毛、刺毛虫、毛毛虫。危害桃树有褐刺蛾、青刺蛾、扁刺蛾。幼虫取食叶背上叶肉，残留表皮，呈透明状薄膜，成虫食害叶片，只留叶柄和叶脉，严重时全树叶片吃光。

一年发生 2 代，以老熟幼虫在桃根颈部和附近土中结茧越冬。第一代幼虫 5 月下旬至 7 月中旬，第二代 7 月下旬至 9 月上旬，危害桃树。

防治方法：

①冬季清园结合挖茧，集中消灭。

②掌握幼虫盛发期喷 90％敌百虫 1 000 倍液，或 20％杀灭菊酯 2 000 倍液，或其他菊酯类药剂防治，效果均好。

（四）采收、分级、包装、贮藏

桃属于不耐贮运的品种，成熟期正值人们最需要水果的夏季，果实柔软，果核大，常温下易褐变，高温下易腐烂，因此适时采收，分级包装，及时运输贮藏，对提高种植效益至关重要。

1. 采收

（1）采收时期 适时采收十分重要，采收过早或过晚都会影响品质和产量。采收过早，果实重量、色泽、风味都达不到要求；采收过晚，果实变软，不耐运输，风味降低，容易落果。决定采收期应考虑品种早晚及当地气候条件，还需参考历年采收期。

桃果实采收的一般标准是：七成熟，果实充分发育，果面平整、无凹凸、茸毛较厚，白桃底色呈浅绿色，黄桃呈黄绿色；八成熟，果面丰满，茸毛减少，白桃底色浅绿发白，向阳面已有红晕，黄桃已转黄；九成熟，果肉稍有弹性，茸毛少，有色品种均已着色，品种应有风味已充分表现；十成熟，茸毛脱落，无残留绿色，溶质桃（水蜜桃）果实柔软多汁，皮易剥离，不溶质桃（加工桃）果实弹性加大，硬肉桃（脆桃）果实开始发绵、带粉性。

根据市场需求，就地鲜销桃九成熟采收，远地销售及加工桃七成熟采收，近距离销售桃八成熟采收。

（2）采收方法

①要轻拿轻放，手握全果，稍稍扭转，果梗就会与果枝分离，切勿硬拉，否则会将果枝拉断。桃果柔软多汁，应尽量避免拉伤果皮，套袋果连袋一起采下，切勿用手指强捏桃子而留下手指印，造成变色或腐烂，影响商品性。采后轻轻放入果箱内，切勿远远抛入，造成果皮擦伤或相互撞伤。

②果实采收必须分批分期，同一品种可分3～4次采收，每批相隔2天左右。

③一株树上桃子成熟有先后，一般向阳面、树冠上部先熟先采，而背阳面、下部内膛果后熟后采，短果枝及生长势弱的树成熟早，可提早采。

④上午温度低，集中采收，下午适宜分级包装。采下果要放阴凉处，不能曝晒，及时运走到分级间，一边将废袋、空袋清理，一边分级包装、运输。

2. **分级** 整齐均匀、美观的果实，消费者喜欢，因此严格的分级可提高果实商品价格，无论哪种分级，都应做到果实完整良好、新鲜清洁，无果肉褐变，无碰伤、擦伤，无病虫果，无不正常的外来水分，无异味，具有可采收成熟度和食用成熟度。目前我国尚无统一的分级标准，但各地也制定有地方分级标准，在此做一介绍供参考，见表5-4、表5-5。

表 5 - 4　南方桃主要品种分级标准

成熟期	品种	等级果个数 [每 500 克数量（个）]			
		一级	二级	三级	等外
早熟桃	玫瑰露	4	5	6～7	
早中熟	白凤	4	5	6～7	
中熟	湖景蜜露	3	4～5	6	病虫果、残伤果、小果
晚熟	玉露	4	5	6	
晚熟	白花	3	4	5～6	
晚熟	锦绣	3	4	6	
迟熟	晚蜜	3	4	5	

表 5 - 5　河北省制定鲜桃果实质量标准

类型	果型	级　　别		
		特级（克）	一级（克）	二级（克）
普通桃	大果型	≥300	≥250	≥200
	中果型	≥250	≥200	≥150
	小果型	≥150	≥120	≥120
油桃蟠桃	大果型	≥200	≥150	≥120
	中果型	≥150	≥120	≥100
	小果型	≥120	≥100	≥90

3. **包装**　桃属于不耐藏易腐烂的品种，包装好坏对提高商品价值、商品信誉和商品竞争力极其重要，根据市场的需要，桃果的包装有大、中、小不同类型的纸箱、塑料制品、竹筐等，按果实大小分级，将分级果进行包装，包装箱有 10 千克、7.5 千克、5 千克、2～3 千克等多种规格。质量好的桃果采用精品礼盒、塑盒、竹篮包装，每个果套泡沫网袋或包以软纸、薄海绵，有条件进超市或外销也应采用这种包装，减少运输中碰撞损失，箱内有通气孔，确保通风透气。远距离运输，做成木箱、塑箱，便于抗压。

4. 贮藏

（1）桃果实贮藏特点　桃果实柔软多汁，常温下不耐贮藏，适于就地采收，及时销售，但品种间贮藏性能有所差异，如玉露、大团蜜露、白花、大久保等水蜜桃，不易贮藏，而有些晚熟桃如肥城桃、深州水蜜、黄金蜜 3 号等果肉较硬以及硬肉桃如 5 月鲜、京玉、吊枝白等较耐贮藏。

需要贮藏的果实掌握在七八成熟时采收，过晚或过早都会影响品质。桃的冰点温度－2.2～－1.5℃，长期 0℃以下易发生冷害，引起果实细胞加厚，风味变淡，果肉硬化，桃核开裂。

（2）常用贮藏方法

①预冷。贮藏的桃果需精心挑选，立即预冷，目的是果品的温度尽量达到最适的温度，降低呼吸强度，防止烂耗，预冷温度 0～3℃，不能过低，以免引起冷害。

②冷藏温湿度。早中熟品种桃 0～2℃，晚熟品种桃 0.5～1℃、湿度 85％～90％条件下可贮藏 7～14 天。不溶质桃在 0.5～1℃、湿度 80％～85％条件下，可贮藏 14～20 天。

③防腐保鲜贮藏。桃在贮藏中易感染软腐病、褐腐病等，若要延长贮藏时间，最好用保鲜剂贮藏。常用的有仲丁胺、CT 系列保鲜剂、TBX 药纸等，但以仲丁胺最常用。

（3）气调贮藏　有条件地方可建造气调库，将果实放入密闭环境，降低环境气体中氧的含量，提高二氧化碳含量，同时保持适宜温度。据报道，贮藏温度 0～2℃，相对湿度 90％～95％，二氧化碳 2％～4％，氧气 5％～7％，水蜜桃可贮藏 20 天，不溶质果可贮藏 60 天。入库后要定期检查，短期果每天检查，中长期果 3 天检查 1 次。

第六章

桃设施栽培关键技术

桃设施栽培是利用温室、塑料大棚、遮阳网等设施，人为调节设施内的温度、湿度、光照、二氧化碳和土壤等环境因子，以适应桃生长发育的需要，调节采收期和提高果品质量，增加经济效益和社会效益。

一、桃设施栽培的意义

桃设施栽培与露地栽培比较有以下几个特点：

1. **上市早**　调节淡季鲜果和丰富市场供应。促成栽培的桃果，成熟期提早 20～30 天，4～5 月上市，备受人们青睐。

2. **密植栽培，投产早、效益高**　与露地栽培比较，种植密度高。13 个月即可投产，早期产量增加 40%～50%，果品质量、外观均有改善，经济效益增加 3～4 倍。

3. **减轻污染，避免自然灾害扩大了种植范围**　桃设施栽培通过集约化的精细管理，减少农药用量，增加了生物防治，少施和不施化肥，减少污染，符合绿色食品的要求。通过人为控制生态环境，免除寒流、大风大雨、雹害、病虫等侵袭，从而使我国的东北、新疆、南方等许多地区均可开展桃树栽培，拓展了桃树种植地区。

4. **缩短结果年限，加快新品种更替**　由于种植密度高，加之多效唑的运用，缩短了结果年限，加速了土地轮操和新品种更新。

目前桃设施栽培的种类有 4 种：一是促早栽培，通过各项技术措施，提早开花，提早成熟。二是延迟栽培，通过降温、遮阳等手段，延迟开花、推迟成熟，或在有效积温不足的地区，通过升温，满足晚熟种生长发育需要，实现正常结果。三是避雨栽培，防止高温多湿条件下，出现裂果、病虫，达到丰产。四是特殊栽培，观赏桃花、盆景桃、移动式桃园等特殊需要的一种栽培模式。这里重点介绍南方大棚桃促早栽培应掌握的关键技术。

二、选择适宜栽培品种

选择适宜设施栽培的品种非常重要，这是种植大棚桃成功与否的关键措施，必须考虑以下几个因素：

①选择早熟品种。果实生育期 60～70 天，还要考虑果重、外观、品质、耐贮性等性状，选择中、晚熟品种，在南方露地桃已上市，达不到淡季供应要求，经济效益降低。

②选择需冷量低、自然休眠时间短的品种，这样可提前扣棚保温，争取早开花结果。

③选择复花芽多、花粉量大、自花结实高、丰产性稳定的品种。勿选用无花粉品种，以免产量不稳定。同时，还应选择大果、果色艳丽、品质优良的品种。

④在同一大棚下，最好选用两个花期相近的品种种植，既可相互传粉，增加坐果率，还可排开供应，增加果实品种，同时还应考虑选择树势中庸、树形紧凑、较耐高温高湿、抗病性强的品种，见表 6-1。

表 6-1　可供选择的最新大棚桃品种

品种	平均单果重（克）	外观	肉质	风味	可溶性固形物含量（%）	成熟期
春雪	135/300	鲜红	细脆、白肉	甜	11.5	6月上旬
春美	200/450	全红	硬溶质、白肉	甜	12～14	6月上中旬

（续）

品种	平均单果重（克）	外观	肉质	风味	可溶性固形物含量（％）	成熟期
金美人	200/350	全红	黄肉、硬溶质	甜	12～13	6月上旬
金霸	250/450	有红彩	黄肉、硬溶质	甜浓	13～15	6月中旬
新4号油桃	150/350	全红	黄肉、硬溶质	甜	12～13	6月初
满园红油桃	158/350	全红	黄肉、硬溶质	甜	11～12	5月底至6月初
鲁油3号	152/250	鲜红	黄肉、硬溶质	甜浓	14～15	6月上旬

三、适宜的种植密度

大棚桃多采用密植栽培，生产上定植采用株行距有1米×1米、1米×1.25米、1米×1.5米、1米×2米、1.5米×2米等多种密度，通过生产实践，认为定植时株行距1米×1.5米或1.5米×2米为宜，2年后株行距以2米×3米或3米×4米为好。但如果栽植过密，桃树封行后打药、施肥、疏果、采收等操作十分不便，先密后疏可延长大棚桃结果年限，防止树势早衰，品质下降。

四、当年定植当年成花技术

大棚桃投资大，生产者种后希望早结果、早收益，因此早期丰产成为大棚桃的重要技术。要在种后短期内成花并获得较高的产量，必须掌握桃的生长发育规律，采用综合精细管理措施。

1. 前促后控

（1）施足基肥，适时追肥　小苗按规定种前，需挖洞施足基肥，亩施有机肥3 000～5 000千克，定植后浇透水，地下覆盖地膜，增加地温促新根，还可防杂草。及时定干，定干30～40厘米，当苗高15厘米时，地面开始追施尿素，看天施肥，雨前或雨后，每株施尿素 50 克，每 20～30 天 1 次，连续 3 次，结合防病虫，农药中加入营养液天达 2 116 或喷施宝 1 000 倍液，可明显促进新梢生长。

（2）多次摘心，控梢促枝量

①采用主干形的中心干及主干上长出新梢，采用两次摘心培养主干粗度和促发新枝并及时抹芽、除萌，确保留下的 6～8 个大枝能正常生长。对主干上部强枝组拉平，控制生长，这样当年就可培养出结果枝组。

②采用两主枝开心形，其永久枝长到 40 厘米左右摘心促发新枝，结果枝或结果枝组直接长在两主枝上，不留副主枝。采果后，对结果枝留其基部 2～3 个芽短截或留基部一个中长新枝缩剪，缩剪后可形成良好的结果枝。

（3）多效唑控制生长，促进花芽形成　当二次枝长到 20 厘米左右，杭州在 6 月中旬，叶面喷 15％多效唑 150～200 倍液，15～20 天后再喷 1 次，雨水多长势旺，7 月再喷 1 次，喷时可加入营养液或 0.2％～0.3％硫酸二氢钾。喷布要均匀周到，不可漏喷，重点喷新梢顶端。

2. 加强综合管理，保叶增光　整个生长期加强病虫防治，如蚜虫、红蜘蛛、浮尘子、卷叶虫、穿孔病、流胶病等，每次防病虫都加营养液，增加光合效率，同时需加强夏季修剪，疏除无用枝、细弱枝、直立枝，生长后期不可短截、摘心、疏枝，否则会刺激新芽萌发。以拉枝方式培养每层结果枝方位，防治上强下弱，为第二年结果做好准备。

五、整枝修剪

（一）整形

主干形是大棚桃栽培主要树形，此树形有中心领导干，在主干上直接着生结果枝或小型结果枝组，主干高度 30～40 厘米，距地面 30 厘米处选生长健壮、长势相近的两个新梢作骨干枝培养，角度 50°左右，长到 60 厘米时摘心，摘心后选顶上强旺的二次枝作为中心领导干保留培养，并用小竹竿绑直，向上生长至 60 厘米时再摘心，总高度不超过 2 米，主干高度控制在距棚膜 50 厘米，在此高度内，每 30～40 厘米选择长势相近不重叠的新梢作为永久性结果枝培养，以螺旋形的方式共培养 6～8 个。若株距小于 1.5 米时，主干上新梢长到 15～20 厘米时摘心，继续长到 15～20 厘米时再摘心，注意稀枝摘心，密枝不摘心，及时抹芽、除萌，去除直立枝，注意南北两侧不留大枝，见图 6-1。

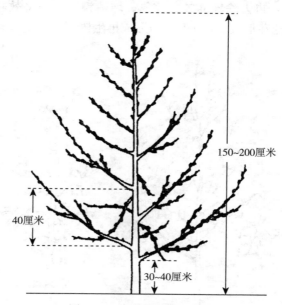

150~200厘米

40厘米

30~40厘米

图 6-1 主干形结构示意图

（二）修剪

大棚桃种植密度高，空间小、光照弱，棚室温度高、湿度大，这一特点与露地立地条件完全不同，要获得优质好果，必须有一套与露地不同的修剪方法：

①先促后控，早成形，多成花。在保证肥水的条件下，通过多次摘心，促发二次枝、三次枝，在增加枝量的同时，培养永久性结果枝，疏枝不打头，使其保持旺盛生长。通过结果压树，削弱顶端优势，采果后缩剪恢复。

②修剪上掌握以轻为主，轻重结合的原则。骨架枝适当压剪，结果枝适当长放。定植后第二年结果、采收完毕后，根据上棚走势，主干回缩 1/4，结果枝在基部留 2 芽短截，促发新枝，留部分细弱枝作辅养枝培养，10 天后当短截枝上新枝长到 10～15 厘米时，再去除辅养枝。控氮、增磷钾肥，喷多效唑控制树冠，促进花芽形成，7 月上中旬形成再生树冠，见图 6-2。

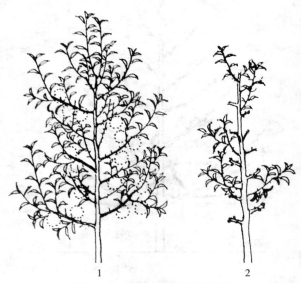

图 6-2　采果后重回缩示意图

1. 结果时树形（虚线圈示挂果位置）　2. 示重回缩后的树形

③由于多效唑使用的影响，导致主干形容易发生上部枝、外围枝下垂，形成弧面，好像一把伞遮住下部枝条，造成中下部内

膛空虚，要避免这种状况发生，必须加强夏季修剪，控制树冠旺长，解决通风透光，从抹芽开始，及时处理直立枝、并生枝，开"天窗"，疏除上部直立枝，促使中下部发枝。新梢过旺，通过疏枝摘心、扭枝等控枝。枝条过密，及时疏除过密枝，上部枝条角度和方位不当，通过拉枝调整角度。在果实着色期，对果枝进行拉枝、吊枝，少量摘心，促进直射光并增进着色，提高商品性。

④适当改造树形，确保产量提高。随着树体的不断扩大，光照通风差，树体容易发生郁闭状况，这时密植树形应及时调整，采取有空插、无空让的方式，垂直方向树形，可以疏一侧或两侧，水平方向树形可以隔株隔行间伐，必要时可将主干形改造成延迟开心形，维持结果年限，延长经济寿命，见图6-3。

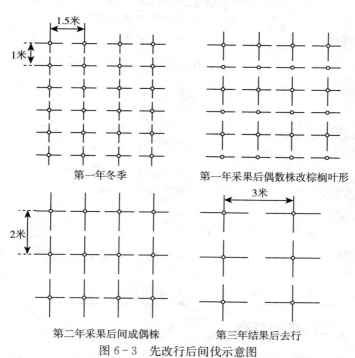

图6-3　先改行后间伐示意图

六、综合栽培管理

（一）适时覆膜

桃树需通过一定时期低温期（需冷量），才能完成休眠，然后萌芽、开花、展叶、结果，若品种需冷量得不到满足，即使覆膜，也不能正常开花结果，一般需冷量以 7.2℃以下的总时数来计算，也就是说，每个品种只要完成低温休眠期，才能决定扣棚时间，现将南方有代表性的几个品种需冷量介绍如下，作为扣棚参考，见表 6-2。

表 6-2　桃低温需冷量与扣棚时间的关系

品种	低温时间（小时）	可扣棚时间	露地成熟期	果实生育期（天）
春蕾	850	2 月初	5 月底	50～55
早霞露	850	2 月初	5 月底	50～55
春花	850	2 月初	6 月初	60
霞辉 1 号	850	2 月初	6 月中旬	60～68
砂子早生	850	2 月初	6 月中下旬	75～78
京春	850	2 月初	6 月上中旬	60
雨花露	800	1 月底	6 月中旬	70～75
仓方	900	2 月 10 日	6 月中下旬	75～80
超 5 月火油桃	550	1 月 10 日	6 月上旬	60
曙光	750～800	1 月底	6 月上中旬	65～68
早红宝石	600～650	1 月中旬	6 月上中旬	65
瑞光 3 号	850	2 月初	6 月中下旬	80

（二）花期管理

由于大棚光照弱、温湿度高、昆虫少，常影响花器发育，为保证产量，花前喷 1%～2% 和花期喷 0.2% 的硼砂，再结合进行人工授粉，方法与露地栽培相同。也可放蜜蜂，花前 5 天，每亩两箱蜂放北边，蜜蜂往南飞，防止蜜蜂碰撞薄膜死亡。

（三）疏果

为保证坐果率，一般不进行疏花，结果后通过疏果调控产量，做到看树定果，分枝负担，均匀留果，疏果方法与露地相同。原则上，长果枝间隔 15 厘米留 1 个果，中果枝留 1 个果，留多叶果、疏少叶果，留侧生下位果、疏朝天果，留中部果、疏基部果。

（四）增进果实着色措施

1. 吊枝、拉枝　果实开始着色后，将结果枝或结果枝组吊起或上下、左右轻拉，使冠内、冠下果能见光着色。

2. 疏枝、摘叶　果实发育中期，及时疏除密生枝、无用枝、未坐果的一年生枝。采前 7～10 天，将靠近果实遮光的叶少量摘除，促使果实全面着色。

3. 地面铺反光膜　在果实着色期间铺膜，使全果面都能充分接收光线，以利于着色。定期清扫棚面尘土、草屑等杂物，也可改善光照条件。

（五）病虫防治

大棚桃病虫害比露地明显减少，容易防治，主要是蚜虫、介壳虫、红蜘蛛、潜叶蛾、细菌性穿孔病、白粉病、疮痂病、褐腐病等，只要抓住关键时期进行防治，均可取得良好的效果。

（六）土壤管理

基本方法与露地相同，唯冬季基肥应比露地提早 1 个月。注意控制灌水，特别是明水灌溉，一般在全面覆盖地膜前进行一次充分灌水，后期依靠滴灌控制水量，花期不可灌水，膨大期适当灌水，采前 7～10 天不宜灌水，以免品质下降。

（七）采后管理

采收完毕，及时追肥外，还要及时去膜，使桃树恢复自然光照，为第二年结果打下良好的基础，同时还可防止土壤盐积化。

七、小气候调节

大棚桃在密闭的环境下，室内温度、湿度、光照、CO_2 的调控十分重要，成为大棚栽培成败的关键。

（一）温度

花期到花后 30 天是温度管理的关键时期，白天换气降温，晚上保温最重要，现将日本静冈市农协制定的 1980 年桃生育过程中各期温度基准参考表 6 - 3。

表 6 - 3　桃生育过程中各期温度基准

单位：℃

温度	萌芽期	开花期	果实肥大第一期	硬核期	肥大期	成熟期
最高	25	20	30	30	30	30
最低	5	10	15	10	12	14

1. **扣棚后温度调节**　扣棚后不宜升温太快，否则会造成桃树萌芽快、开花快、造成先芽后花的倒序现象，导致坐果率降低，新梢旺长，易引起早期落果。因此，扣棚后应逐渐升温，扣棚后第一周拉起草帘一半，白天保持 10～15℃，夜间不低于5℃；第二周开始完全打开草帘，白天 10～25℃，夜间不低于5～10℃，地温 15～20℃，要做好保温，夜间也可通过暖气、热

风炉等辅助加温。

2. **开花期** 开花期的平均温度 10℃以上，以 12～14℃ 为宜，盛花期正是授粉阶段，要求 18～22℃ 最为适宜，充分利用太阳光能升温，超过 22℃ 要及时放风，晴天上午 10 时可达到此温度，要注意及时放风。傍晚要放草帘保温，阴雨天、白天要拉起草帘，接受光照，必要时，用照明灯辅助。

3. **果实发育阶段** 幼果期温度不低于 15℃，硬核期白天控制在 22～25℃ 以上、夜间 10℃ 左右，膨大期白天控制在 25℃ 左右，不超过 28℃。成熟期外界温度 30℃ 以上，根据实际情况去除覆膜或加遮阳网降温。

（二）湿度

桃各个物候期对湿度要求各异，萌芽期需 70%～80%，花期需 50%～60%，展叶后需 60% 以下，尤以开花期湿度控制十分重要。若湿度小，柱头分泌物少，影响授粉坐果，湿度过大，易生花腐病，光照不足，也会影响花粉发芽。通过高温放风，内外气流交换。一般控制明水灌溉，安装滴灌，覆盖地膜，可减少灌溉次数和防治地面蒸发，对控制湿度也有较好的效果。

（三）补充二氧化碳（CO_2）

桃树通过光合作用制造碳水化合物，而光合作用的主要原料是 CO_2 和水，大棚内随着叶片光合作用的进行，室内 CO_2 明显低于棚外，因此必须及时补充 CO_2，补充 CO_2 的方法很多，主要有以下几种：

1. **增施有机肥** 不仅增加土壤肥力，还能促进根系的呼吸作用和微生物分解活动，释放大量 CO_2。据报道，1 吨有机肥在微生物分解作用下能释放 1.5 吨 CO_2。在相对密闭环境下，如设施大棚内 CO_2 浓度可超过大气中几倍或十几倍。

2. **加强通风换气** 内外空气交流，使室内的 CO_2 得到补充，通风换气时间主要是上午 10 时至下午 2 时，掌握在 25℃时需通风换气，降至 22℃关闭通风，若持续高温，要加大通风和延长通风时间，以达到补充 CO_2 和降温的目的。

3. 施固体 CO_2 气肥　固体 CO_2 气肥为褐色扁圆形颗粒。一般一次性亩施 40～50 千克，可使室内 CO_2 浓度高达 1 000 微升/升，施后 1 周开始释放 CO_2，有效期可达 90 天。CO_2 气肥可在桃展叶前 5 天左右施入，在行间开沟施，若有地膜覆盖，可施入膜下。施后要保持土壤湿润、松土，控制通风次数，中上部放风为宜，减少 CO_2 的损失。

4. 运用 CO_2 发生器　利用硫酸和碳酸盐反应，产生 CO_2，其方法是顺棚走向 7 米吊挂一个防酸腐蚀的 CO_2 发生器，如塑料桶，桶略高于桃树，桶内先装 1 000 克稀硫酸（浓硫酸：水为 1：3，注意配制时要将浓硫酸倒入水中，切勿倒错），每天上午日出后 1～2 小时在桶内加 80 克碳酸氢铵，连加 5 天，发现无气泡发生，说明稀硫酸已反应完毕，应将残液倒掉，重新加入稀硫酸。据报道，5 千克稀硫酸与 2 千克碳酸氢铵反应，能产生 1 千克 CO_2。要注意阴天、雪天禁止使用，以免浓度高引起药害，加入硫酸氢铵 2 小时内尽量不要通风。

八、存在问题及改进意见

桃设施栽培是一种新型模式，管理得法，可取得较好的经济效益和社会效益，目前发展较为迅速，但在实践中也暴露出许多问题，有待提高解决。

（一）存在问题

①桃设施栽培还处于起步阶段，还未形成完整的技术体系，包括整形修剪、促花技术、土壤管理、环境因子的调控等系列技术还不够成熟。生产上还存在盲目发展的情况，各个技术环节管

理贯彻不到位，产量虽达到预期目标，但忽视了质量的改进提高，优质果比例不高。

②设备不完善，许多大棚桃是原蔬菜大棚改建，存在高度低、空间较小，加之桃种植密度高，管理跟不上，造成树体郁闭，通风透光差，影响开花结果和品质提高。而设施材料大多是竹木、草帘、秸秆、砖、炉渣等，这类材料体积大，遮光率高，保温性能较低，使用年限短，费工、费时，有待改进。

③缺乏专用设施栽培品种，目前选用的早熟种均为露地种植的品种，低温需冷量多在 800 小时以上，对设施内的弱光、高温、高湿适应性较差，而且品种较单一、上市集中。

④设施栽培中，由于薄膜长期覆盖，土壤本身受自然条件限制，雨淋日晒较少，再加上长期使用化肥，造成土壤盐碱化不断上升积累，影响桃树生长发育，导致不少基地终结设施栽培。

⑤过量施用多效唑。目前大棚桃普遍使用多效唑控制树体，使用浓度高、次数多，加之肥水条件跟不上，造成树势早衰，结果寿命短，品质下降。农业农村部规定凡绿色食品级水果在生产上均不能使用有机合成的生长抑制剂，多效唑也属此类。

（二）改进建议

一是加大科技投入，深入系统研究，完善栽培技术体系，特别是设施中的关键技术有所突破，如替代多效唑的新型药剂或方法，主干形修剪的改良措施，温度、湿度调控措施等。同时，还应加强技术培训，让广大果农真正掌握提高果品质量的关键技术，这是一项长期而艰巨的任务。

二是加强设施桃生产信息化技术的研究和应用，计算机应用于环境因子的监控和调控。设施桃栽培管理向标准化、数字化方向发展，提高果品质量研究将是今后工作重点。

三是加快研制桃设施的配套构件，保温隔热、质地轻巧的墙体材料及经久耐用的保温材料，是促进设施桃生产发展的必要条件。

四是解决土壤盐碱化，要加强有机肥的使用，减少氮肥用量，提倡使用发酵菌种肥或天达 2116 作追肥，采收完毕，立即撤去棚膜，让自然降雨淋溶土壤，坚持采用这些措施，土壤盐基化就会迎刃而解。

五是建立高标准的优质桃商品基地，进一步提高果品质量，才能产生较好的经济效益，这是推动桃产业化进程的必由之路。

附 录

附录 1 农 事 历

月份	节气	物候期	适合开展的主要工作
1 月	小寒 大寒	休眠期	1. 清园，涂白。平整土地，开沟排水，修筑道路，小苗种植或补种 2. 枝接苗木，苗木调运 3. 冬季整枝修剪
2 月	立春 雨水	休眠期 （根系开始活动）	1. 结束整枝修剪 2. 树干涂白 3. 熬制石硫合剂 4. 苗木嫁接、种植或补种
3 月	惊蛰 春分	开花期 萌芽期 （根系生长加速）	1. 喷 3～5 波美度石硫合剂 2. 冬剪遗漏处进行复剪 3. 施芽前肥 4. 高接换种，更新品种 5. 花期人工授粉，喷硼砂液
4 月	清明 谷雨	开花期 新梢生长期 坐果期 根系生长进入高峰	1. 人工授粉，喷硼砂液，放蜂 2. 花后复剪 3. 夏季护理，抹芽、除萌 4. 苗地护理，抹芽、除草 5. 防蚜虫、天牛、缩叶病、褐腐病

（续）

月份	节气	物候期	适合开展的主要工作
5月	立夏 小满	果实硬核期 新梢、根系生长高峰	1. 早熟桃硬核前施膨大肥 2. 疏果套袋 3. 夏季护理（扭梢、摘心、短截等） 4. 中耕除草 5. 防蚜虫、食心虫、桃蛀螟、褐腐病、疮痂病 6. 苗地除草施肥
6月	芒种 夏至	果实膨大期 早熟桃成熟期 （新梢生长高峰，根系生长缓慢）	1. 早桃采收，中熟桃施膨大肥 2. 中耕除草，开沟排水 3. 夏季护理，剪梢摘心、疏枝 4. 防天牛、军配虫、刺蛾、炭疽病、褐腐病、流胶病、穿孔病 5. 当年嫁接芽苗结束，加强护理、施肥、除草
7月	小暑 大暑	中熟桃成熟期 花芽分化期 （新梢生长缓慢，花芽开始分化） 幼树生长高峰	1. 中熟桃采收，晚熟桃施膨大肥 2. 灌水抗旱 3. 防刺蛾、天牛、金龟子、山楂叶螨、穿孔病、褐腐病、炭疽病 4. 苗地护理，除草、施肥 5. 继续做好夏季修剪 6. 幼树培育好三大主枝
8月	立秋 处暑	晚熟桃成熟期花芽分化期 （成年树新梢停梢，幼树继续生长，根系进入高峰）	1. 晚熟桃采收，施采后肥 2. 继续夏季修剪，重点进行徒长枝处理 3. 苗木抗旱，防病虫，芽接开始 4. 防刺蛾、一点叶蝉、军配虫、金龟子、天牛
9月	白露 秋分	晚熟桃成熟期（根系进入生长高峰，枝条渐趋成熟）	1. 晚熟桃采收，秋施基肥 2. 深翻改土，种绿肥 3. 芽接，苗地管理 4. 防病治虫 5. 中耕除草

（续）

月份	节气	物候期	适合开展的主要工作
10月	寒露 霜降	落叶期	1. 施基肥，深翻改土 2. 芽接结束，桃核秋播 3. 新建果园准备
11月	立冬 小雪	休眠期	1. 整枝修剪 2. 清园、涂白 3. 深翻改土 4. 苗圃地挖苗、出圃 5. 新建园建设
12月	大雪 冬至	休眠期	1. 整枝修剪 2. 果园冬翻 3. 苗木出圃，冬季室内嫁接 4. 新建园种植

附录 2　国家禁止使用与限制使用的农药

　　根据《中华人民共和国食品安全法》规定，食用农产品生产者应当按照食品安全标准和国家有关规定使用农药、肥料、兽药、饲料和饲料添加剂等农业投入品。严格执行农业投入品使用安全间隔期或者休药期的规定，不得使用国家明令禁止的农业投入品。禁止将剧毒、高毒农药用于蔬菜、瓜果、茶叶和中草药材等国家规定的农作物。2017 年 7 月 1 日开始实施的《农药管理条例》规定，任何农药产品使用都不得超出农药登记批准的使用范围。根据农业农村部的通告内容，整理 2018 年国家禁用和限用的农药名录如下：

一、禁止生产销售和使用的农药名单（42 种）

六六六、滴滴涕、毒杀芬、二溴氯丙烷、杀虫脒、二溴乙烷、除草醚、艾氏剂、狄氏剂、汞制剂、砷类、铅类、敌枯双、氟乙酰胺、甘氟、毒鼠强、氟乙酸钠、毒鼠硅、甲胺磷、甲基对硫磷、对硫磷、久效磷、磷胺、苯线磷、地虫硫磷、甲基硫环磷、磷化钙、磷化镁、磷化锌、硫线磷、蝇毒磷、治螟磷、特丁硫磷、氯磺隆、福美胂、福美甲胂、胺苯磺隆、甲磺隆

百草枯水剂	自 2016 年 7 月 1 日起停止在国内销售和使用
胺苯磺隆复配制剂 甲磺隆复配制剂	自 2017 年 7 月 1 日起停止在国内销售和使用
三氯杀螨醇	自 2018 年 10 月 1 日起全面禁止三氯杀螨醇在国内销售和使用

二、限制使用的农药名单（25 种）

中文通用名	禁止使用范围
甲拌磷、甲基异柳磷、克百威、涕灭威、灭线磷、内吸磷、硫环磷、氯唑磷	水果、蔬菜、茶树、中草药
水胺硫磷、杀扑磷	柑橘树
灭多威	柑橘树、苹果树、茶树、十字花科蔬菜
硫丹	苹果树、茶树，自 2019 年 3 月 26 日起，禁止含硫丹产品在农业上使用
溴甲烷	草莓、黄瓜
氧乐果	柑橘树、甘蓝
三氯杀螨醇、氰戊菊酯	茶树
丁酰肼（比久）	花生
氟虫腈	除卫生用、玉米等部分旱田种子包衣剂外
溴甲烷、氯化苦	仅限于土壤熏蒸，并应在专业技术人员指导下使用
毒死蜱、三唑磷	禁止在蔬菜上使用
氟苯虫酰胺	自 2018 年 10 月 1 日起，禁止在水稻作物上使用
克百威、甲拌磷、甲基异柳磷	自 2018 年 10 月 1 日起禁止在甘蔗上使用
磷化铝	应当采用内外双层包装。外包装应具有良好密闭性，防水防潮防气体外泄。自 2018 年 10 月 1 日起，禁止销售、使用其他包装的磷化铝产品
乙酰甲胺磷、克百威、氧乐果	自 2019 年 8 月 1 日起，禁止在蔬菜、瓜果、茶叶、菌类和中草药材作物上使用

备注：引自《农药管理条例》（2017 年修订）。

参考文献

曹翔翔，张庆福，汤天寿，等，2002. 果树合理使用农药 [M]. 合肥：安徽科学技术出版社 .

何水涂，王志强，陈汉杰，等，2001. 油桃优质丰产栽培技术彩色图说 [M]. 北京：中国农业出版社 .

胡征令，汪祖华，1991. 罐藏黄桃、水蜜桃的栽培与加工 [M]. 上海：上海科学技术出版社 .

胡征令，等，2004. 桃 [M]. 北京：中国农业出版社 .

马之胜，2003. 桃优良品种及无公害栽培技术 [M]. 北京：中国农业出版社 .

孙钧，刘国峰，1996. 桃栽培技术 [M]. 杭州：浙江科学技术出版社 .

孙培博，夏树让，等，2008. 设施果树栽培技术 [M]. 北京：中国农业出版社 .

王金友，林春树，周玉书，等，1999. 果园农药应用技术 [M]. 北京：化学工业出版社 .

王力荣，朱更瑞，方伟超，等，2012. 中国桃遗传资源 [M]. 北京：中国农业出版社 .

吴大军，沈淦卿，陈志明，等，2004. 水蜜桃 [M]. 北京：中国农业出版社 .

张凤敏，等，1999. 桃树高效设施栽培技术问答 [M]. 北京：中国农业出版社 .

张克斌，2012. 油桃优良品种与优质高效栽培 [M]. 北京：中国农业出版社 .

朱更瑞，1999. 大棚桃 [M]. 北京：中国农业出版社 .

朱更瑞，2006. 怎样提高桃栽培效益 [M]. 北京：金盾出版社 .

朱更瑞，2009. 提高桃商品性栽培技术问答 [M]. 北京：金盾出版社 .